历史学的实践丛书

历史学的实践丛书

什么是性别史

What is Gender History?

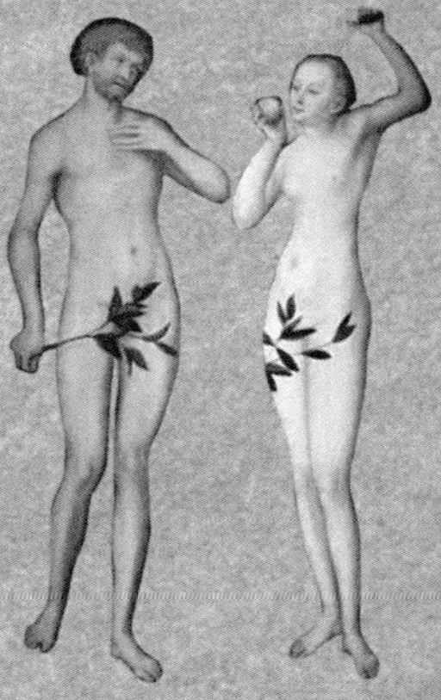

〔美〕索尼娅 · 罗斯　著
(Sonya O. Rose)
曹鸿　译

北京大学出版社
PEKING UNIVERSITY PRESS

著作权合同登记号　图字：01-2010-8026
图书在版编目（CIP）数据
什么是性别史/（美）索尼娅·罗斯（Sonya O. Rose）著；曹鸿译. —北京：北京大学出版社，2020.1
（历史学的实践丛书）
ISBN 978-7-301-30721-2

Ⅰ.①什…　Ⅱ.①索…②曹…　Ⅲ.①性别差异—研究　Ⅳ.①B844

中国版本图书馆 CIP 数据核字（2019）第 262516 号

书　　名　什么是性别史
SHENME SHI XINGBIE SHI
著作责任者　〔美〕索尼娅·罗斯（Sonya O. Rose）　著　曹　鸿　译
责任编辑　李学宜
标准书号　ISBN 978-7-301-30721-2
出版发行　北京大学出版社
地　　址　北京市海淀区成府路 205 号　100871
网　　址　http://www.pup.cn　新浪微博：@北京大学出版社
电子信箱　pkuwsz@126.com
电　　话　邮购部 010-62752015　发行部 010-62750672
编辑部 010-62750577
印 刷 者　北京虎彩文化传播有限公司
经 销 者　新华书店
965 毫米×1300 毫米　16 开本　11 印张　153 千字
2020 年 1 月第 1 版　2022 年 12 月第 3 次印刷
定　　价　36.00 元

目录

前言及致谢

本书主要探讨性别史学者(gender historians)从事了何种研究。它不 vi
是一部性别的历史,而是关于性别史领域的方法及发展历程,也涉及了一些性别史学者关注的历史主题。自始至终,我试图集中讨论性别,或者说讨论与什么意味着男性、什么意味着女性相关的意义和社会期待。本书并不讨论女性史(women's history),虽然一些篇幅涉及女性史和女性史对性别史的贡献。有些学生接受过史学训练,但先前从未接触过性别史领域;有些其他学科的学生研究女性和性别,却没有机会了解历史学家如何研究相关主题,本书的主要目的是为他们提供一份导论。本书讨论了女性史学者和性别史学者中的某些争论,概述了性别史研究中一些复杂的问题,也关注了这一领域的新趋势。这将会使本书对那些已具备一定水平的研究生和学者有帮助,他们会发现此类概述很有价值。

第一章提供了术语"(社会)性别"(gender)、"历史"(history)和"女性主义历史"(feminist history)的基本含义,勾勒了诞生自女性史的性别
史的发展历程,讨论了性别史对学术界的不均衡影响。第二章探讨了生 vii
理性别与社会性别之间区别的复杂性,反思了身体史和性存在史(histories of sexuality)。第三章关注性别以及性别与种族、阶级的交叉,使用了奴隶制、殖民主义等例子。第四章向读者介绍了男性研究与男子气概(masculinity)研究,讨论了相关问题的不同研究路径,强调人们对男子气

概的理解随时间不断变化，在特定历史时期，人们对男性气质的理解和实践也是多种方式的。第五章阐释了性别史学者如何为一般历史学者所关注的核心问题提供帮助。本章特别关注殖民征服、革命、民族主义和战争，涵盖的例子从17世纪到20世纪。第六章考察了一些争议，这些争议涉及如何研究历史中的性别。本章也向读者介绍了正在发生的新变化，包括研究主体性（subjectivity）的心理分析法和其他方法，还有跨国史和全球史。此外，最后一章也回顾了全书覆盖的一些其他主题和问题，起到提醒的作用。

本书在撰写过程中，尝试概述学者们研究性别史的方法，同时也就性别史学者所关注的特殊议题，举出相当详细的历史研究范例。性别史是一个多样且丰富的研究领域，这本书不可能涵盖所有内容，因此我试图让读者体会：性别史学者提出何种类型的问题，他们如何着手回答这些问题。本书内容主要基于对北美和英国的研究。我也尝试提供一些世界各地的范例。我自己的研究集中于现代史，特别是19—20世纪，这也是本书较多关注的内容。但是我也讨论了其他学者令人兴奋的作品，他们的
viii 研究范围从13世纪到18世纪。我试图列举一些不同地区、不同国家和不同时代的特定主题的历史观点，尽管这样的例子看起来似乎缺乏历史背景——因为人们不太熟悉那些历史——不论如何，读者们都能够从中了解到一些性别史学者在研究中的发现，这是我的愿望。

我要感谢许多女性主义历史学家，他们的研究多年来一直给予我灵感。我不能期望把他们全数列出，他们也将发现他们的研究在书中未必被专门引用。但是许多人的研究会出现在本书末尾按主题组织的选读书目中。特别感谢政体（Polity）出版社的安德烈娅·德鲁甘（Andrea Drugan），她是编辑的典范：支持我、鼓励我、迅速回应我的多份手稿和询问。我也想感谢政体出版社的匿名审稿人，还有我在伦敦的友人凯瑟琳·霍尔（Catherine Hall）、基思·麦克莱兰（Keith McClelland）和比尔·施瓦茨（Bill Schwarz）。当我在撰写本书的时候，他们一直倾听我的担忧。特别感谢休·贾斯特（Sue Juster）建议我使用那些极有意思的北美

殖民地的性别研究做例子。尤其还要感谢京特·罗斯(Guenter Rose)的耐心与支持,当我发现写这本书比我预想的更加困难和复杂时,他还要忍受我的焦虑。

第一章

为什么是性别史？

为了回答本书标题所提出的问题——“什么是性别史”，我希望让读者 1
确信“性别”不仅有历史，而且具有重要的历史意义。首先，我们必须考虑看起来似乎不证自明但实际上很复杂的命题——如何思考历史本身。

历史由关于过去的知识组成。这意味着历史是一种有关过去的学术研究成果。此时，读者或许会疑惑，历史不就是过去么？常识告诉我们，如果有人对历史很感兴趣，那么他是对发生在过去的事情感兴趣。但重要的是明确一点：“过去”是通过历史研究（historical scholarship）——也就是由历史学家创造的知识重建的。这意味着重建的过程对创造出的知识而言非常重要。我们对过去的了解取决于历史学家提出的问题以及他们如何回答这些问题。他们的兴趣集中在哪里？他们认为过去的哪些内容是重要的、值得研究的？他们如何着手开展研究？他们如何阐释他们发现的证据？更复杂的是，这些问题的答案总是随时间而变化。历史学家也无法置身于历史之外，而是被历史以及他们生活和工作时的政治、文化、社会和经济环境所塑造。因此，历史本身也有历史。当我们开始探索 2
性别与性别史主题的时候，这个非常重要的背景要牢记在心。

尽管历史学家在使用何种方法研究他们的课题上向来意见不一，这个现象仍会继续，他们却共享如下前提：人们生活的环境与塑造这些环境的社会随时间变化。这些变化既多且繁，发生的几率也变化无常。但对历史研究而言，变化或转变的假设是根本。也并非所有的历史研究都是记述和解释变化。当一些历史学者致力于展现各类事件或者某些进程是如何改变社会整体或其中的某个方面的时候，其他人则有志于探寻随时间流逝而产生连续性的过程（the processes producing continuities）。还有一些人的研究，是描述过去某个特定时段或年代的生活的各个方面。但尽管此类历史学者可能不会关注变化本身，他们仍假定他们所揭示与书写的人类生活的特征，是社会与文化变化过程中的产物，这些过程在时间长河中发生。

被定义为男人或女人有什么意义？这种意义有其历史，而性别史（gender history）便是基于这种根本理念。性别史学者关注的是随时间发展的变化，或者在特定历史时期中单一社会内的变化。这些变化关于：人们感受到的（perceived）男女间的差异；男女间关系的形成；作为社会性别的产物（gendered beings），女人之间的关系和男人之间的关系的性质。历史学家关注这些差异与关系在历史中如何产生，又如何变化。重要的是，他们也关注性别对各种极具历史重要性的事件和进程的影响。为了能充分探寻性别史学者的关注点，以及他们如何“研究”性别史，思考“性别”这个术语的含义至关重要。

学者们使用“性别”的概念，意指人们感受到的男女之间的差异，以及与男人和女人、男性和女性相关的观念。对“性别”这个术语的定义来
3 说，最根本的观念是，差异都是社会构建的。身为男人、身为女人意味着什么，人们对男子气概与女子气概的定义或理解，男性身份与女性身份的特质——所有这些都是文化的产物。为什么使用术语“社会性别”（gender）而不是“生理性别”（sex）呢？为什么说起男人和女人之间、男性与女性之间的差异，是一种社会性别的差异而不是生理性别的差异？近年来，人们视生理性别（sex）与社会性别（gender）为近义词，并在大众话语中频繁地交替使用二者，对此下一章将详细讨论。但是“（社会）性别”（gender）这一术语起初为女性主义学者所用，意指生理性别差异（sex difference）的文化构建，与“生理性别”（sex）相对，生理性别差异被认为指的是“自然的”或者“生物意义的”差异。

在20世纪最后数十年之前，在女性和性别研究在人类学、历史学

和社会学等多个学科中发展壮大、产生影响之前，人们普遍认为男性与女性的差异是自然的。这种“自然的差异”可以说明或者解释人们观察到的女性和男性在社会地位、社会关系上的差异，他们在世界上生存方式的差异，以及男女在多种权力形式下的差异。重要的是，男女之间关系的等级属性是一种预设前提，从未被质疑。男女之间的多种差异基于天性而非文化的产物，这种预设意味着只有在特殊的历史环境下，才会有学者开始思考性别也有一个或多个历史，并且开始认为性别对历史而言很重要。

性别史是在回应女性史的研究和争议中发展的。作为一个研究领域，女性史直到20世纪60年代末才开始发展，在20世纪70年代兴盛，延续至今成为性别史的重要组成部分。但即便在此之前，女性的历史已经有人撰写，所以女性史自20世纪60年代以来的发展可以被视为一种恢复或复兴，只是在新环境之下催生了一个学术研究领域。20世纪之前书写的女性的历史，一般是关于女王或者女圣徒等人物。除了一些当代 4
女性史的重要先驱在20世纪上半叶撰写的作品，大体而言，无人记录或讨论普通女性的生活。这些重要先驱包括英国的艾琳·鲍尔（Eileen Power）、艾丽斯·克拉克（Alice Clark）和艾薇·平奇贝克（Ivy Pinchbeck），美国的朱莉娅·斯普鲁伊尔（Julia Spruill）和玛丽·比尔德（Mary Beard）。职业史家无视她们的研究，认为身为母亲、妻子、佣人、工人和消费者的女性的活动与历史无关。20世纪60年代末至70年代之前书写的女性历史，基本上不被归为当时的专业历史研究或者通俗历史。

为什么女性会被“主流史家”忽略？有人在新出现的女性史发展的初期指出，一个主要的原因是女性不被视为历史的主体（historical subjects），因为历史学者认为历史几乎只关乎政治领域和经济领域中权力的行使和转移，而这些舞台上的演员是男性。女性史的兴起和发展有助于社会史学者重新思考历史实践，他们认为关于普罗大众日常生活的知识对了解过去非常重要。但社会史家也忽略了女性是历史的参与者，因为他们错误地认为男性，特别是白种的欧洲和北美男性是历史的普遍推动者。例如,“工人”被想象为男性形象,所以劳工史忽略了田野、作坊、工厂以及家庭中的女性劳动。

女性史学者开始发现女性和男性一样,都是劳工和社区行动人士、社会改革者、政治革命者。他们展现了女性的劳动如何为她们的家庭,以及更广的经济做出贡献。重要的是,女性史学者最终挑战了政治与权力的狭隘定义,拓宽了这些概念的范围,使其包含了政府和政党之外的生活场所,特别是人们的“私人生活”。这些学者深入研究了那些先前被视为“天性
5 的”而不是文化的或社会的主题,例如家庭暴力、性交易、分娩等。推动女性史兴起和增长的历史发展引起了学术界对传统历史实践的挑战。

女性史成为一种研究领域,是女性运动或者所谓的“第二波女性主义”的产物。这个命名为了与 19 世纪和 20 世纪初发生的女性主义运动相区别。此时的运动是为了争取女性选举权,并提出一些和妇女不平等地位相关的其他议题。女性主义对激发女性史的研究兴趣、创造女性史的分析方法至关重要。虽然在今天,那些认为自己是女性主义者的人,在女性主义事业究竟是什么上难以完全达成一致,但大多数人会同意女性主义的基础是一种信念——女性应当拥有和男性一样的基本人权。女性主义者认为,普遍而言,女性相对于男性处于不利地位。她们处于不利地位,是因为在她们的社会世界中,性别被如此塑造。所有女性应当拥有和男性一样的有利地位,这一观念让女性主义学者试图找回过去从未讲述过的女性生活的故事,揭示女性处于从属地位的原因,并对女性在历史档案中被明显地忽略和排除感到疑惑。就像两位美国的欧洲史学者,雷娜特·布里登索尔(Renate Bridenthal)和克劳迪娅·孔茨(Claudia Koonz)在她们的论文集的导论中写的那样,“这本论文集中的文章既力图恢复历史中的女性,也力图探寻女性独特历史经历的意义”。该文集的题目也恰如其分——《逐渐显现:欧洲历史中的女性》,在 1977 年出版。[①]

① Renate Bridenthal and Claudia Koonz, “Introduction,” in *Becoming Visible: Women in European History*, Boston: Houghton Mifflin, 1977: 1.

当女性运动普遍地激发了女性史研究的兴趣之时，女性主义学者的学术道路却并不相同，这因他们工作的国家环境而定。[1] 各国女性在历史行业的地位各异，取决于本国的制度文化。有些国家更容易接受女性学者。美国的女性史发展相对迅速，例如在20世纪70年代初，一些大学的女学者就开始获得学校支持。在英国，制度支持发展较晚，那里受女性主义影响的历史学者开始从事女性史研究是在学术圈之外。但到了20 6
世纪80年代末，英国的女性史研究仍缺乏学术地位，甚至到了今日，女性主义史家仍在争取把妇女和性别元素融入某些领域的历史书写之中。在法国和德国，男性职业史家甚至花了更长时间才接受女性史。

尽管女性主义激励了所有女性史学者，女性史作为一个领域，其内容和方向在不同国家的环境下也有不同的发展。在美国，“分离领域”（separate spheres）的概念变得很有影响。为了探寻女性从属地位的根源，找回过去女性生活的特征和受到的各类影响，学者们将女性描绘为在一个单独的空间生活和行动的群体，或者说她们的活动领域以家庭和寓所为中心。正如琳达·科布（Linda Kerber）指出，历史学者在史料中发现“女性领域”（women's sphere）术语的使用，这一发现转而“引导了20世纪历史学家选择什么内容来开展研究，选择如何讲述他们重构的故事”。[2]一篇发表于1966年的论文产生了巨大影响，讨论了美国女性19世纪20年代至60年代的生活。作者芭芭拉·维尔特（Babara Welter）描述了她命名的“对真正女性气质的崇拜”（Cult of True Womanhood），这种观念要求女性应当以“虔诚、纯洁、服从和家庭生活”为生活准则和目标。[3]维尔特的研究集中于北部白人中产阶级女性，使用的文献包括忠告书（advice books）、布道词和女性杂志等出版材料。尽管当女性史作为一个研究领域发生转变、走向多样化之时，学者们批评此文只使用了规训文献（pre-

---

① 我将考察美国和英国学界的女性史例子作为女性史早年致力研究的问题类型的代表。

② Linda Kerber, “Separate Spheres, Female Worlds, Woman's Place: The Rhetoric of Women's History,” *Journal of American History* 75 (1988): 11.

③ Barbara Welter, “The Cult of True Womanhood: 1820-1860,” *American Quarterly* 18 (1966): 153.

scriptive literature)，只着眼某一类女性群体。但维尔特的分析推出的观点，直到20世纪80年代在美国史领域仍占统治地位。该文虽然以叙述为主，但也批评了父权制关系束缚了女性，限制了她们的生活。和女性史复兴时的其他研究一样，该文强调女性受到的压迫。重要的是，维尔特认为这种对女性气质的崇拜引发了多种回应，也与更大范围的社会变革相结合：包括废奴主义运动和内战，由此女性突破了原先狭窄的家庭领域、拓宽了她们的活动范围。

7 20世纪70年代中期，一些女性主义学者分析了19世纪美国史中的“女性领域”(women's sphere)。到了20世纪80年代初，“女性领域”又成为一种人称“女性文化”(women's culture)的来源。提出“女性文化”概念的学者，并不重视分析女性是怎样以及为何成为父权社会的受害者。相反，他们感兴趣的是探寻历史中女性间关系的重要性。例如，在一篇重要的论文中，卡萝尔·史密斯-罗森堡(Carroll Smith-Rosenberg)分析了大量信件和日记，以求理解19世纪美国女性的生活。考察女性之间的关系非常重要。她认为，女性作为亲戚、邻居和朋友，共同经历了日常生活。女性的友谊以忠诚和团结为特征，在她们的生活中占据重要的情感地位。她进一步认为，维多利亚时期，一些女性间的关系也包括身体的欲望，从青春期到成年，她们之间可能既有性也有情感上的爱慕。对史密斯-罗森堡而言，女性领域不只是一个独立的领域，还包含“一种重要的完整性与尊严，源于女性共享的经历以及相互的情感”。[1]在分析1780年到1835年家庭生活观念和女性领域的发展中，南希·科特(Nancy Cott)把“女性领域”的观念引入新的领域。该书标题是《女性身份的纽带》(*The Bonds of Womanhood*)，意在强调“bonds”的双重含义，既是束缚也是联系。[2]通过分析规训文献和日记，她揭示了家庭生活观念(the ideology of domesti-

---

① Carroll Smith-Rosenberg, “The Female World of Love and Ritual: Relations between Women in Nineteenth-Century America,” *Signs* 1 (1975): 9.

② Nancy F. Cott, *The Bonds of Womanhood: Women's Sphere in New England: 1780-1835*, New Haven and London: Yale University Press, 1975.

city)导致的压迫后果,但更重要的是,该书展现了一种姐妹情谊意识在女性领域中孕育,这是一些女性产生了政治意识并组织起来争取她们的权利的结果。

在英国,女性运动和社会主义或马克思主义影响下的社会与劳工史促进了女性主义历史研究。在 20 世纪 70 年代和 80 年代初,女性主义史家热衷于理解女性生活和行动如何同时受到性别分工和阶级分工的影响。希拉·罗博特姆(Sheila Rowbotham)在 20 世纪 70 年代发表的重要研究,受到了马克思主义和女性主义的双重影响。在 1973 年出版的《女 8
性意识,男性世界》(*Women's Consciousness*, *Man's World*)一书中,她认为必须理解"男性支配女性的父权统治与由此产生的财产关系、阶级剥削和种族主义之间的确切关系"。[①]在同年出版的《不为人知》(*Hidden from History*)中,她概述了 18 世纪末和 19 世纪初资本主义对女性生活的影响,并且批判地考察了女性主义和社会主义事业中的女性参与。[②] 20 世纪 70 年代中叶,受到女性主义影响,萨莉·亚历山大(Sally Alexander)的研究批判地分析了马克思关于资本主义生产模式的观念。[③]她认为,当整个家庭成为生产单元时,在家庭中呈现且不断重现的性别劳动分工作为一种工业手段在 19 世纪的伦敦发生转变,持续地塑造了工业资本主义。亚历山大主张,家庭劳动分工影响了工业转型,这种动态关系应当成为女性主义历史研究的中心。

吉尔·利丁顿(Jill Liddington)和吉尔·诺里斯(Jill Norris)出版于 1978 年的重要研究,考察了英国北部工人阶级女性参与的选举权斗争。该书仔细探寻了女性选举权行动主义、女性的工作和家庭生活以及女性

---

① Sheila Rowbotham, *Woman's Consciousness*, *Man's World*, Harmondsworth: Penguin, 1973: 117.

② Sheila Rowbotham, *Hidden from History: 300 Years of Women's Oppression and the Fight Against It*, London: Pluto, 1973.

③ Sally Alexander, "Women's Work in Nineteenth-Century London: A Study of the Years 1820-1850," in Juliet Mitchell and Anne Oakley, eds, *Rights and Wrongs of Women*, Harmondsworth: Penguin, 1976: 59-111.

参与的工会运动(*trade unionism*)相互之间的联系。[1]利用对女性选举权行动人士的女儿们的采访,以及丰富的档案文献,利丁顿和诺里斯的研究重现了那些女性参与的选举权活动。通常,她们会面对生活中男人们的敌意,但她们也相互合作,完成家庭任务,以便继续进行政治活动。

劳拉·奥伦(Laura Oren)使用社会史和经济史学者提出的“家庭经济”(family economy)概念,揭示了相对于男性,家庭内性别分工导致了女性和儿童的饮食变差。[2]为了能把丈夫照顾好,女性精打细算,使用丈夫从工资中拨给她们的钱,而男人却留下零花钱,满足自己的需求和享乐。奥伦总结,妻子管理家庭预算对艰难时期的丈夫、对更普遍的经济和工业体系而言,都是一种缓冲。

9 尽管工人阶级女性研究是英国女性史学者最主要的关注点,但分离领域的意识形态(the ideology of separate spheres)、以中产阶级白人女性为主的私人家庭世界与男性的公共世界的分离,均引起了一些英美女性史学者的关注。例如,莉奥诺·达维多夫(Leonore Davidoff)和她的同事关注了他们称之为“美丽田园”(beau idyll)的观念。这种宁静的城郊中产阶级家庭生活观念发展为亲密的农村生活。其中心是女性和家庭与公共领域的事务完全分离,赋予女性“在家庭中独有的影响领域”。[3]在他们看来,家庭与公共的区分并非是社会生活中的永恒特征,而是在历史中兴起的观念,与商业世界的经济竞争相关。这种观念塑造了家庭生活的理想典范,创造了中产阶级女性生活的空间。

当一些英国女性主义历史学者关注家庭生活观念及其对中产阶级女性的重要意义时,越来越多的美国女性主义学者转向女性劳工和工人阶

---

[1] Jill Liddington and Jill Norris, *One Hand Tied Behind Us: The Rise of the Women's Suffrage Movement*, London: Virago, 1978.

[2] Laura Oren, "Welfare of Women in Laboring Families," *Feminist Studies* 1 (1973): 107-125.

[3] Leonore Davidoff, Jean L' Esperance, and Howard Newby, "Landscape with Figures," in Juliet Mitchell and Anne Oakley, eds, *Rights and Wrongs of Women*, Harmondsworth: Penguin, 1976: 139-175.

级史。在 20 世纪 70 年代中叶，艾丽斯·凯斯勒-哈里斯（Alice Kessler-Harris）提出，“有组织的女性工人在哪里？”她对 20 世纪早期美国工人的研究表明，男性工会会员对女性工人有一种明显的矛盾情绪。主要的美国工会（trade union）极少支持女性工会组织者，雇主们也企图阻止女性组织工会。[1] 20 世纪 80 年代初，凯斯勒-哈里斯出版了一本美国工薪女性的历史，时间跨度从殖民地时期到“二战”以后。[2]此书突出展现了社会用多种方式限制女性的经济机会，也揭示了从 19 世纪到 20 世纪上半叶，家庭与工作之间的关系在不断变化。

其他涉及美国女性劳工和工人阶级史的重要作品包括托马斯·达布林（Thomas Dublin）对洛威尔（Lowell）地区女工的研究，洛威尔是 19 世纪 20 年代到 60 年代马萨诸塞州的纺织工业聚集地；杰奎琳·琼斯（Jacqueline Jones）对黑人女工的标志性研究，时间跨度从奴隶制一直到二战后；克里斯蒂娜·斯坦塞尔（Christine Stansell）对 18 世纪 80 年代至 19 世纪 60 年代，纽约市女性工人的研究。达布林的研究以大量的公司档案文 10
献、回忆录和信件为基础，详细地记录了纺织工业的增长，以及工厂如何招募新英格兰乡村地区的青年女性做工。[3]他考察了这些女性在洛威尔建立的社区、女工组织的反对低工资和恶劣工作环境的抗议、劳动力多元化后随之而来的工业转型和女性劳工行动主义的衰落。杰奎琳·琼斯对黑人女工的研究考察了奴隶制中田地里的性别分工、内战后黑人女工在她们社区里的重要价值和种族歧视如何迫使她们从事最不体面、酬劳最低的劳动种类。[4]她展现了黑人女性为了维护家庭的经济福利，不顾她们

---

[1] Alice Kessler-Harris, “Where are the Organized Women Workers?” *Feminist Studies* 3 (1975): 92-110.

[2] Alice Kessler-Harris, *Out to Work: A History of Wage-Earning Women in the United* States, New York: Oxford University Press, 1982.

[3] Thomas Dublin, *Women at Work: The Transformation of Work and Community in Lowell, Massachusetts, 1826-1860*, New York: Columbia University Press, 1979.

[4] Jacqueline Jones, *Labor of Love, Labor of Sorrow: Black Women, Work, and the Family from Slavery to the Present*, New York: Basic Books, 1985.

工作的卑贱性质。克里斯蒂娜·斯坦塞尔的研究，探寻了19世纪初纽约市青年女工建立的社群的特征。她考察了家庭经济中女性地位的变化特性，随着制造业中“工厂外工作”(outwork)的扩大，她们被允许在家中工作挣钱，她们挣得工资的机会不断增加，也形成了相互支持的邻里网络。[1]

英国和美国的女性史学者也采取了另一条路径——激进女性主义。激进女性主义人士认为女性受压迫是父权统治的结果，因此把男性统治女性(或父权制)的问题视为女性史学者理应分析的核心问题。正如伦敦女性主义历史小组(London Feminist History Group)指出的，“女性不仅在历史中消失，她们还受到刻意的压迫，承认这种压迫是女性主义的核心原则之一”。[2]这并不意味着女性只应被视为受害者。相反，女性史学者在这种一般性的框架下展开研究，考虑的是揭示女性反抗压迫的多种方式。比如伦敦女性主义历史小组在讨论分离领域的过程中指出，展现女性活动的历史书写非常重要，这些活动的范围超越了家庭领域，进入到政治世界和职业世界，“直接抵抗男性的统治和他们对这些领域的控制”，即便女性们面临极大的反对，而这些反对来自控制女性运动的男性。[3]

11 从多样的女性主义视角研究历史中的女性的重要作品，在整个20世纪80年代不断出现。但是，批判之声也逐渐增长。一些人认为女性史中有一种趋势，假设存在一种普遍的女性经历，忽略了女性之中不仅存在阶级，也存在种族、性偏好、族裔、民族或者宗教背景的差异。女性主义学者逐渐担心，试图找回过去女性的生活、把女性载入历史记录中的研究，不论诞生于何种理论背景之中，都会创造出一种与男性历史隔绝的女性历史，强化了女性主义历史的“贫民窟化”(ghettoization)或边缘化地位。

---

① Christine Stansell, *City of Women: Sex and Class in New York, 1789-1860*, New York: Alfred A. Knopf, 1986.

② London Feminist History Group, *The Sexual Dynamics of History: Men's Power, Women's Resistance*, London: Pluto, 1983: 2.

③ Ibid.: 45.

在20世纪70年代中期,两位在美国工作的欧洲女性史学者提出了一种女性主义史学的方法,十年之后被称为我们今天所知的"性别史"。琼·凯莉-加多尔(Joan Kelly-Gadol)认为,"补偿式"的女性史将不会改变历史书写的方式,女性主义史学的中心是"两性的社会关系"(social relations of the sexes)。[①] 几乎在同一时间,纳塔莉·泽蒙·戴维斯(Natalie Zemon Davis)建议,要纠正历史记录中的偏见,必须同时研究女性和男性——"过去社会性别群体中所有性别的重要意义"。她指出,这"将促进历史学家重新思考他们面对的一些核心问题——权力、社会结构、财产、符号和分期"。[②]

虽然英国的社会主义女性主义学者(socialist feminist scholars)一心致力于拓宽马克思主义理论,使其关注女性和性别差异,"性别"这一术语在美国首先成为理解过去女性生活的中心。美国学者开始质疑女性文化的概念,或者质疑一个分离的女性世界是否存在,并试图考虑种族、阶级和族裔的问题。例如,在论文集《女性史中的性与阶级》(*Sex and Class in Women's History*)的导论中,在美国从事美国史和英国史研究的编者,朱迪丝·牛顿(Judith Newton)、玛丽·瑞安(Mary Ryan)和朱迪丝·沃克维茨(Judith Walkowitz)明确地声明,在思考女性史的过程中,她们将"把性别作为一种历史分析范畴"。[③] 她们使用这个范畴的目的是"理解性别差 12
异贯穿社会与文化的系统方式,以及在这一过程中性别差异给予女性的不平等地位"。[④]

学术界在20世纪70年代末到80年代中叶转而关注性别,这在1987年第二版《逐渐显现:欧洲历史中的女性》的导论中也有所体现。新版的编辑们,雷娜特·布里登索尔、克劳迪娅·孔茨和苏珊·斯图亚德(Susan

---

① Joan Kelly-Gadol, "Methodological Implications of Women's History," *Signs* 4(1976): 809-823.

② Natalie Zemon Davis, "Women's History in Transition," *Feminist Studies* 3 (1976): 90.

③ Judith L. Newton, Mary P. Ryan, and Judith R. Walkowitz, "Editors' Introduction," in *Sex and Class in Women's History*, London: Routledge, 1983: 1.

④ Ibid.

Stuard)表示,她们的意图不仅是让女性显现,更要“考察区分男性气概和女性角色的性别体系,性别体系是社会建构的,且在历史中不断变化”。①

当“性别”概念在20世纪80年代初及中叶变得逐渐有影响力的时候,琼·斯科特(Joan Scott)发表于1985年12月《美国历史评论》的论文介入了理论问题,对性别史发展成为一个学术领域产生了巨大影响。为了回答诸如性别如何在社会关系中产生作用,如何影响了历史知识的问题,她认为,有必要以一种严谨的理论方式把性别概念化。②她认为如果女性主义学术想要改变历史研究,性别应被视为一种理论方法,而不是对过去女性生活的描述,这是很有必要的。正如我们看到的,早年的女性主义学者已经使用“性别”这一术语,并指出其重要性。然而斯科特提供了一种新的方法,不再关注重现过去女性的活动,而是质询性别如何区分男性气概和女性气概。她定义“(社会)性别”是人们赋予可感知的生理性别差异的意义。斯科特主要关注的问题是,“女性和男性作为一种身份的范畴,其主观的和集体的意义是如何被构建的”③。受到法国后结构主义的影响,斯科特认为意义是被构建的,通过语言或者话语传递,因此不可避免地涉及变异和反差。这种变化和对立,包括男性和女性的二元论,都是相互依赖的(男性只有在和女性对比的时候才有意义),它们天生是不稳定的(因为所有范畴都具有内在多样性)。所有的二元论,包括男性
13 和女性,因不同时间不同社会而各异。但这种二元对立似乎是永恒的,因为创造这种对立的政治被掩盖了。历史学家的工作正是为历史记载找回它们。

斯科特的性别理论最重要的一个方面,是她提出了性别是一种权力关系的主要表现方式——性别是一种权力得以表达或者合法化的重要手

---

① Renate Bridenthal, Claudia Koonz, and Susan Stuard, “Introduction,” in *Becoming Visible: Women in European History*, 2nd edition, Boston: Houghton Miffl in, 1987: 1.

② Joan Wallach Scott, “Gender: A Useful Category of Historical Analysis,” in *Gender and the Politics of History*, revised edition, New York: Columbia University Press, 1999: 28-50, esp. 28-31.

③ Joan Wallach Scott, “Introduction,” in ibid.: 6.

段。例如姆里纳利尼·辛哈（Mrinalini Sinha）展现了“阳刚的英国男人”和“阴柔的孟加拉人”的刻板印象如何为19世纪末英国对印度的殖民地统治和种族等级制合法化提供依据。这两者都在印度和英国的多样的政治争论中出现，也反之塑造了这些政治争论。①

当众多女性主义历史学者推动并参与了历史学术圈子里的文化或语言“转向”时，斯科特的理论对他们产生了巨大的影响。学术界逐渐出现了与“话语”“文本”和意义的产生相关的讨论。但是，斯科特的理论方法以及一般意义上的性别转向仍在引发争论。

当许多女性主义历史学者使用斯科特提倡的法国后结构主义去分析不同历史背景下的性别语言时，这一理论观点却面临其他人的批评和大量的敌意。斯科特主要关注语言、表现和不稳定的意义，激怒了一些女性主义学者，认为她拒绝了“可以找回的历史‘真实’”。②正如琼·霍夫（Joan Hoff）指出，在这种方法中“物质经历（material experience）变成了几乎完全从文本分析中得出的抽象表现；个体身份和所有的人类力量都变得过时，话语构建了空洞的主体，有血有肉的女性变成了社会的构建”。③在强调语言的首要地位时，斯科特质疑了“经历”的概念，认为经历是语言之外不可知晓的，本身就是推论性的产物。但是有一些女性主义历史学者担心，在文本作品之外没有“经历”这一概念，那么也没有女性可以
共享的经历，而这是女性主义政治的基础。“女性”只是社会的建构，这 14
种观念对一些学者而言是拒绝女性的存在，因此拒绝女性“处于陈述基于女性身份的具体经历的位置”。④

---

① Mrinalini Sinha, *Colonial Masculinity. The "Manly Englishman" and the "Effeminate Bengali" in the Late Nineteenth Century*, Manchester: Manchester University Press, 1995.

② Joan Hoff, "Gender as a Postmodern Category of Paralysis," *Women's History Review* 3 (1994): 149.

③ Ibid.: 159.

④ June Purvis, "From 'Women Worthies' to Poststructuralism? Debate and Controversy in Women's History in Britain," in June Purvis, ed., *Women's History in Britain, 1850-1945: An Introduction*, London: UCL Press, 1995: 13.

对性别转向以及后结构主义的批判担心性别史研究开辟了男性研究，女性将再次消失在历史记录中。此外，一些人认为，关注性别与权力之间的象征性联系将会彻底回避“父权制”（patriarchy）如何运作的历史问题，以及作为一个群体和男性相比，女性在权力上的不平等。[1]当一些女性主义史家仍在担忧女性史和性别史之间的关系时，其他人则为性别史的贡献喝彩，反驳对性别史的批判，为其辩护。有人指责，性别史关注女性之间的差异；“女性”作为一种社会构建的范畴，其含义也不稳定，这些会削弱女性创造的女性主义政治的共同基础。而辩护者指出，只有认识到多样性和差异，以及身份形成过程的多种可能的冲突方式，才能够创造女性之间的政治纽带。性别史对男性和男子气概的关注强调了男性气概和女性气概处于一种相互依存的关系中。关注男性作为一种性别存在纠正了一些假设：男子气概是某种不变的“天性”、男人作为推动历史的力量无须考虑性别和性存在的因素。认识到男性的多样性，意识到多种类型的男子气概形成于男性之间的关系以及男性与女性之间的关系，并没有否认一般意义上男性比女性权力更大。实际上，正如美国历史学者南希·科特和德鲁·吉尔平·福斯特（Drew Gilpin Faust）指出的，正是因为性别被理解为一种等级的形成（hierarchical formation），是一种统治而不是一种简单的差异，性别才成为一种表现权力关系的方式。[2]

毫无疑问，琼·斯科特的干预推动了性别史的发展，尤其是在北美和英国地区，尽管许多学者并不追随她的后结构主义方法，而是使用其他更
15 为传统的分析方法。1989 年，莉奥诺·达维多夫和其他两名编委——一名在英国，另一名在美国——在英国创办了《性别与历史》（*Gender & History*）杂志。在其创刊号上，编辑们表明他们的意图是采用女性主义的视

① 为“父权制”这一术语用处的有力辩护见 Judith Bennett, “Feminism and History,” *Gender & History* 1 (1989): 251-272。

② Nancy F. Cott and Drew Gilpin Faust, “Recent Directions in Gender and Women's History,” *OAH Magazine of History* 19 (2005): 4-5.

角，既研究男性和男子气概，也研究女性和女子气概——“传统的男性制度和那些一般被定义为女性的”。他们通过认识到性别“不仅是一系列生活中的关系，也是一个符号的体系”，表明鼓励多元的研究方法。①

尽管创刊委员会集体是英美人士，刊物也是英文的，但编辑们不仅鼓励其他国家、使用其他语言的学者供稿，并且欢迎跨学科视野的研究。不过，斯科特最初发起的挑战和性别史转向在英语国家世界影响更深。这并不是说性别史只研究北美、英国和爱尔兰，而是研究亚洲、拉美和东欧等地区的性别史成果，更有可能是在英语为母语的国家（包括澳大利亚和新西兰）工作的学者创造的。有许多原因造成这样的情况。第一，在那些学术界较难接受女性史和非传统的历史分析方法的国家，女性主义史学影响较晚。第二，“性别”这一术语在其他语言中并不一定有对应的相同概念。并且，文化差异也会起作用。例如，在法国，最接近“gender”这一术语的词是“genre”，既指语法上的性别又指文学体裁。除了一些重要的例外，法国学者不愿意采用“引进的概念”，他们拒绝从等级制角度理解男性和女性的关系、赞成这些关系是互补的。②在中国，关于女性的历史研究有一种相当长的传统，都由男性学者完成。这种学术传统基于
一种观念：男女有别是社会的基本组织原则。中国的学术界很晚才接受 16
在英语世界被使用的性别概念，或许是因为中国的女性史学者假设男女间关系是一种“和谐”的关系。例如，中国的历史学者和其他领域学者，很晚才认识到男人和男子气概是一种社会性别的产物。③

① The editors, “Why Gender and History?” *Gender & History* 1 (1989): 1-2.

② Michele Riot-Sarcey, “The Difficulties of Gender in France: Reflections on a Concept,” in Leonore Davidoff, Keith McClelland, and Eleni Varikas, *Gender and History: Retrospect and Prospect*, Oxford: Blackwell, 2000: 71-80.

③ Gail Hershatter and Wang Zheng, “Chinese History: A Useful Category of Gender Analysis,” *American Historical Review* 113 (2008): 1404-21, esp. pp. 1412-1421.

小　结

这一章向读者介绍了一些性别和历史研究中的基本概念问题，包括历史和性别的定义。通过梳理北美和英国地区的女性史的发展，追溯了性别史的起源，讨论了因此产生的历史问题。本章认为，一些历史学者担心女性史只是纯粹地补充历史记录，但并没有改变职业史家对基本历史问题理解的方式，这些担忧推动了性别转向。性别史也受到理论发展的推动，特别是法国的后结构主义。女性主义历史学者使用了这些理论，从而让它们对史学研究的影响扩大了。性别史的进展引导女性主义学者提出性别作为一种分析范畴的新问题。性别在不同时间和地区是否有多种意义？所有时代的社会都是基于人们感受到的身体差异来区分男性和女性的么？生理性别和社会性别是否存在着一些固定的区别？下一章将探讨一些相关问题。

第二章

性别史中的身体与性存在

当女性主义学者考察人们感受到的两性间的差异，并探寻这些差异 17
的历史影响时，生理性别（sex）和社会性别（gender）的区分对他们而言极有用处。但是，尽管越来越多的学者接受性别是一种“有用的历史分析范畴”，女性主义文化评论家（feminist cultural critics）、哲学家和科学史学者却逐渐不满生理与社会性别的区分。历史学家琼·斯科特的一篇论文指出性别作为一种有用的历史分析范畴，关键性地刺激了20世纪80年代中叶性别史领域的发展。在20世纪的尾声，斯科特怀疑生理与社会性别的区分是否有意义，她认为应该提出的根本问题是——“生理上的性别差异”如何被表达为“一种社会组织的原则和实践”。[①]此外，2006年，玛丽·瑞安选择了《性的神秘》（*The Mysteries of Sex*）作为她的书的标题。该书考察了美国历史中男性和女性的含义如何变化并呈现多样化。[②]

女性主义学者注意到生理与社会性别区分的一些问题。其中一个问题是生理性别和社会性别在大众话语中被频繁地交替使用，“gender”被视为“sex”的更文雅的近义词。例如，我们在日常报刊上可以读到：两性（both genders）都出现在政治集会上。如果两个术语是同义词，为何要有术语上的区分？社会性别也经常被解读为“女性”，仿佛男性并不是一种 18

① Joan Wallach Scott, *Gender and the Politics of History*, revised edition, New York: Columbia University, 1999: ix-xiii and 197-222.

② Mary P. Ryan, *The Mysteries of Sex: Tracing Women and Men through American History*, Chapel Hill: University of North Carolina Press, 2006.

社会性别产物。但其他更严肃的生理与社会性别区分的问题证实了此类困惑。如果社会性别是一种生理性别或自然性别或是对有形的物质身体(physical material bodies)的文化阐释,那么社会性别最终仍是基于身体差异,而这种差异处于历史与文化范围之外,或者说不受历史与文化的影响。

性差异是自然领域而不是文化领域的事似乎已是常识。这就是问题所在。我们通常理解的"自然的"或者"生物的"事物都是不变的或者固定的。如果社会性别被认为是对生理性别的文化阐释,而生理性别又被理解为"自然的",那么社会性别如何塑造人们对生理性别差异的理解必然有一定限度。生理性别差异的概念于是维持着一种预设,所有女性和男性在各自的身体中都存在一些普遍特征,所以生理意义的身体是社会性别的最终根基。女性主义学者恰恰试图通过使用社会性别概念去瓦解这一观念。

不过,科学史学者却展示了生物科学自身受到社会性别差异观念的影响。例如隆达·席宾格(Londa Schiebinger)揭示了在18世纪的欧洲,社会性别观念在决定科学家如何制定植物与动物的分类方案、构建相关的科学知识上扮演了关键角色。[①]例如,基于人类的社会性别差异观念,植物也被视为有不同性别,而哺乳动物和其他动物物种的区别在于拥有乳房。当根据人类感知的经验知识成为特许的真相来源之时,科学家开始搜寻男性和女性的"真正"差异。最终,一种"常识"出现了,所有男性和女性之间存在的真正差异,是他们身体中起生殖作用的器官。生殖器官、荷尔蒙和染色体被理解为构成生理性差异的实体,尽管在女性和男性这两大分类中有多变异体(variations),并且那些生理结构与解剖结构并不
19 符合上述任一分类的人也存在于世,却无人理会。出生时具有模棱两可的性器官的婴儿,必须通过外科手术使其符合世人对生理性别差异的理解。

① Londa Schiebinger, *Nature's Body: Gender in the Making of Modern Science*, Boston: Beacon, 1993.

与社会性别(和种族)相关的政治与文化观念影响了科学如何解释“自然”,然后,这种受文化影响的科学知识又被用于证明对“自然”差异的信仰的合理性。我们大多数人是如此习惯把科学/自然/生物学视为真相的终极来源,特别是涉及身体时,很难在这一框架之外思考。但是历史学研究帮助我们做到这一点。

托马斯·拉克尔(Thomas Laqueur)考察了大量的材料,包括古希腊以来的医学文本和人体解剖图稿。他发现在启蒙运动之前,也就是在18世纪以前,男性与女性的身体被人们视为相似的,也就是他称之为身体的“单性”(one-sex)模式,它主导着科学和哲学的理解,这一点非常重要。①人们认为只有一种身体,也就是男性身体,而女性被认为和男性拥有同样的器官,但她们的器官在身体内部而不是在外部。体液(bodily fluids)被认为可以互换,诸如血液、乳汁、脂肪和精液是可以相互转换的。拉克尔揭示了在历史上,甚至文艺复兴中科学革命的主要人物的经验观察都与两性相似性(similarity of sexes)的政治与文化观念保持一致。这种对性和身体的看法与女性是低等版本男性的观念相一致。直到18世纪,现代观念中的男性和女性是异性——他们是不同的而不是相似的——才开始主导人们对性的理解。科学家不断探寻、发现基本差异的身体标志(bodily indicators),并为其命名。席宾格揭示了,18世纪的医生追求并相信,他们已经发现了身体每个部分中都有性的基本属性——在血管、汗液、大脑、头发和骨骼中都有。②

为什么在18世纪会出现这样的转折,这仍是个开放性的问题。拉克尔极有说服力地指出,答案并不在于经验科学的发展。他认为,启蒙运动的结果是科学取代了宗教和形而上学,成为真相的终极来源。法国大革 20
命带来的政治动荡开始瓦解社会等级,也威胁了男性较之于女性的政治

① Thomas Laqueur, *Making Sex: Body and Gender from the Greeks to Freud*, Cambridge, MA: Harvard University Press, 1990.

② Schiebinger, *Nature's Body*: 122.

特权，而生物学意义上的身体被视为男性和女性之间的社会与政治能力差异的终极根源。另一个推动身体差异划分的因素很有可能是欧洲的帝国主义扩张，伴随着更多种类的植物、动物，特别是其他群体的人类被发现。虽然有人质疑单性模式的存在，以及对身体差异的科学看法的转型时间，但文化——在这些例子中是性别观念——塑造了性和身体的相关知识这一观点已被广泛接受。[①]

当拉克尔和席宾格揭示了社会性别的结果，或者说在性和身体相关的科学理解中，性差异的观念在历史上是不断变化的。哲学家朱迪丝·巴特勒（Judith Butler）也详细阐述了一种理解性和身体的方式，从而瓦解了人们普遍认为的“自然”与文化之间的对立。[②]她发展出一套复杂的概念，认为性是一种身体（物质）结果的文化实现（cultural achievement）。如果社会性别是生理性别的文化建构，那么生理性别和身体是话语（discourse）的结果或者产物。巴特勒认为，这并不是说性与身体是想象的或者在某种程度上是被语言创造的，而是说，身体自身通过反复的身体行动变得社会性别化，也就是她称之为“表演性”（performativity）的一个过程。换而言之，社会性别也是一种具体表现，我们所认为的生理性别实际上是这种“反复的”（reiterative）或仪式实践的结果——这种实践导致生理性别被视为是完全自然的。社会学家雷温·康奈尔（Raewyn Connell）提出一种不同的概念。她认为社会性别的“标准”对身体产生了确确实实的影响。社会性别在实践中融入身体——在社会世界中行动和互动。“这种融入的形式和结果随时间变化，也作为社会目的和社会斗争的结果而
21 不断变化。这表明它们完全是历史的……在实践的现实中，身体从未置

---

① 相关批判见：Katharine Park and Robert A. Nye，“Destiny is Anatomy，” *New Republic*，February 18，1991：53-57；Michael Stolberg，“A Woman Down to Her Bones：The Anatomy of Sexual Difference in the Sixteenth and Early Seventeenth Centuries，” *Isis* 94（2003）：274-299；and Dror Wahrman，“Change and the Corporeal in Seventeenth-and Eighteenth-Century Gender History：Or，Can Cultural History Be Rigorous？” *Gender & History* 20（2008）：584-602。

② 见 Judith Butler，*Gender Trouble*，London：Routledge，1990；*Bodies that Matter: On the Discursive Limits of*“*Sex*”，London：Routledge，1993。

身于历史之外，身体的存在和身体受到的影响始终不能摆脱历史。”[1]例如，她认为“男性的身体感受（physical sense）是在社会实践的个人历史——社会中的人生经历（a life-history-in-society）中发展的”。[2]伊丽莎白·格罗（Elizabeth Grosz）既是哲学家，也是女性主义生物学家，她发展出一套思考身体的方式，认为身体并不是固定的，而总是处于一种形成的状态（states of becoming）。[3]这些思考方式非常重要，因为它打破了物质与文化、生理性别与社会性别的两分法，不仅让性别史也让身体史使用社会性别这种历史分析的工具成为可能。

身体史如何在研究中把社会性别视为一种历史分析的范畴呢？女性主义医学史学者们（feminist medial historians）研究了与女性身体相关的医疗实践和观念的变迁。在生育控制、鼓励生育运动，乃至性病防治运动的历史研究中，身体也成为争论的对象。就像凯瑟琳·坎宁（Kathleen Canning）所展现的，身体是女性政治行动主义（political activism）的中心。例如，在20世纪20年代中叶的魏玛共和国，纺织女工组织起来，要求政府扩大生育保障（maternity protection）。[4]身体史研究或历史中的身体的研究也关注战争中的男性身体。比如乔安娜·博尔克（Joanna Bourke）考察了第一次世界大战对男性身体的影响。[5]她探寻了那些从前线回来的伤残士兵如何处理身体残疾的状况，也分析了一战的冲击如何塑造了战后的男性气概。其他学者也考察了个人身体的健康和幸福与整个社会之

---

① Raewyn Connell, *Gender and Power*, Cambridge: Polity, 1987: 87.

② Ibid.: 84.

③ Elizabeth Grosz, *Volatile Bodies: Toward a Corporeal Feminism*, Bloomington: Indiana University Press, 1994; Anne Fausto-Sterling, *Sexing the Body: Gender Politics and the Construction of Sexuality*, New York: Basic Books, 2000.

④ Kathleen Canning, "The Body as Method?" in her *Gender History in Practice: Historical Perspectives on Bodies, Class, and Citizenship*, Ithaca: Cornell University Press, 2006.

⑤ Joanna Bourke, *Dismembering the Male: Men's Bodies, Britain and the Great War*, London: Reaktion Books, 1996.

间的历史联系,这种联系被理解为“社会身体”(social body)。[①]

卡罗琳·沃克·拜纳姆(Carolyn Walker Bynum)的《神圣的盛宴和神圣的斋戒:食物对中世纪女性的宗教意义》,是把社会性别和身体置于历史中心的最早且最重要的研究之一。[②]正如标题所示,该书关注公元1200年至1500年的欧洲基督教女性,以及她们的宗教信仰和食物之间的联系。中世纪女性(在食物短缺时期),以拒绝进食为标志,让自身忍受痛苦,使她们与十字架上受难的耶稣更紧密地联系在一起。她们只通过圣
22 餐饼(communion wafer)吃下上帝的身体。拜纳姆认为她们的苦修是一种自我折磨的形式,试图让身体的感受更接近上帝。

对法国大革命时期的历史分析极其重要地展现了身体作为政治含义场所(sites of political meaning)的象征意义。例如多琳达·乌特勒姆(Dorinda Outram)的研究认为,在这种复杂的社会与政治转型时期,身体变成了重要的政治忠诚和政治立场的符号。为了说明这个观点,她指出英勇的男性气概叙述源自古典时代的希腊斯多葛派,被用来确保男性的政治参与,并在政治活动中贬低和排斥女性。[③]林·亨特(Lynn Hunt)的研究也展现了身体在与革命相关的政治和社会转型中的重要意义。例如,她认为这一时期见证了社会分化引发的极度焦虑,结果是,人们越来越留意身体的着装,留意这样的着装体现了穿着者是否忠诚于革命理想。在旧制度中,华丽的男性服饰标志着特权和贵族的权力,男性服饰的精致程度至少要与女性华服一样突出。在革命之后,男性扔掉了他们的长袜、高跟鞋、假发和马裤,用更为“统一的制服”(uniform uniform)取而代之。[④]

---

① 特别参见 Mary Poovey, *Making a Social Body: British Cultural Formation*, 1830-1864, Chicago: University of Chicago Press, 1995。

② Caroline Walker Bynum, *Holy Feast and Holy Fast: The Religious Significance of Food to Medieval Women*, Berkeley and Los Angeles: University of California Press, 1988.

③ Dorinda Outram, *The Body and the French Revolution: Sex, Class, and Political Culture*, New Haven: Yale University Press, 1989.

④ Lynn Hunt, “Freedom of Dress in Revolutionary France,” in Londa Schiebinger, ed., *Feminism and the Body*, Oxford: Oxford University Press, 2000: 182-202.

如今重要的是他们与其他男人的相似性,还有他们与女性的差异。

伊莎贝尔·赫尔(Isabell Hull)分析了18世纪和19世纪初德国公民的社会发展,指出当男性进入公共领域以个人身份而非特定的家庭、职业、社会阶层或宗教团体中的一员参与公民社会时,“他们认为自己从某种重要的意义上说是裸体的”。[①]男人们也忽略了他们之间存在的差异,就像在法国,他们与女性在身体上的差异定义了男性的身份。

分析戴面纱女性的活动以及面纱引发的反应,也可以揭示民族或者族裔身份的身体表现的重要意义。道格拉斯·诺思罗普(Douglas 23
Northrop)在其对中亚的研究——《面纱帝国》(*Veiled Empire*)中,揭示了在1917年十月革命之前,中亚男女从事的活动深深受到社会性别的影响,这些活动以及社会性别差异的表现是易变的且多变的。[②]

琼·斯科特在对当代法国“头巾”争议的分析中认为,面纱之所以如此引发争议,是因为对待性别差异问题的两种截然不同的方式难以协调。[③]对伊斯兰教信徒而言,面纱宣告着男女交流的限制,表明在公共场合异性交往是绝对禁区。面纱和头巾让性和性差异引发的焦虑显露无遗。相反,通过明显地展示女性身体,法国人拒绝认为性差异在政治上是突出问题——不论在当时还是过去——从而体现法国的性别体系是高级的、自由的和“自然的”。而法国人认为,穆斯林对性和性存在的态度让他们难以被同化(unassimilable)。

斯科特对当代法国女性戴面纱的争议的分析,以及上文提到的其他研究都同时关注了身体的行为和性存在的观念。研究身体形象与性存在问题之间的紧密联系的另一案例来自伊朗史学者阿夫萨尼赫·纳杰马巴

---

① Isabel V. Hull, *Sexuality, State and Civil Society in Germany, 1700-1815*, Ithaca: Cornell University Press, 1996: 225

② Douglas Northrop, *Veiled Empire: Gender and Power in Stalinist Central Asia*, Ithaca: Cornell University Press, 2004.

③ Joan Wallach Scott, *Politics of the Veil*, Princeton: Princeton University Press, 2007.

迪(Afsaneh Najmabadi)。[1]她讨论了19世纪和20世纪初不断变化的美的
24 典范(changing ideals of beauty)。通过使用绘画等其他资源，她展现了理想型的美丽在18世纪末19世纪初并非以社会性别区分。男性美和女性美在文本中的描述相似，而在绘画中也具有相似的(corresponding)特征和外形。但在整个19世纪，美的观念逐渐通过社会性别区分。这些转变与不断变化的性观念相关，特别是与男性情欲的特质相关。19世纪初，青年男子和青年女子一样，可以成为美和性欲望的对象。美在形式上的男女区分，男性性欲望观念在整个19世纪的发展，都是现代民族国家兴起的结果，也是在欧洲人的到来这一背景下产生的。

正如这个例子阐明的，身体的历史作为一个研究领域与性存在史共享一定的范围。正如纳杰马巴迪和斯科特的分析所展示的，两者经常密不可分。但身体史研究并不需要关注性存在。身体的历史通常关注的是，身体是如何呈现并成为一种象征；多样的有组织的社会行为如何塑造了身体；身体如何成为政治动员的焦点。

但是作为一种研究领域，性存在史特别关注的是：情欲行为被管理和控制的历史；情欲行为的类型命名、阐释和分类，以及社会对性欲望和性行为的关注的影响范围，包括性身份的创造。正如雷温·康奈尔指出的，性分类和性范式以及欲望的形式和对象，“贯穿个人经历的性存在的特有形式、给予快感和接受快感的行为，所有的这些在不同文化中并不一样，且随时间而变化”。[2]性交易、同性之间的关系、政府的人口控制、生育控制、对婚姻和非婚亲密行为的态度、对男性和女性作为一种性存在(sexual beings)的理解，都包含在性存在的历史中，其中大多数都视社会性别为一种历史的分析范畴。

25 当代性存在史受到了女性史和一般意义上的女性主义历史(feminist

---

① Afsaneh Najmabadi, *Women with Mustaches and Men without Beards: Gender and Sexual Anxieties of Iranian Modernity*, Berkeley: University of California Press, 2005.

② Raewyn Connell, “Sexual Revolution,” in Lynne Segal, ed., *New Sexual Agendas*, Basingstoke: Macmillan, 1997: 70.

history)发展的影响,也受到同性恋权利运动兴起的影响。米歇尔·福柯(Michel Foucault)在20世纪70年代末出版的《性存在史》(*History of Sexuality*)也深深地推动了这一领域的发展。① 重要的是福柯认为,19世纪开始西方社会控制性的努力,并非像常人认为的那样是压制性的。相反,科学话语和大众文学对性的热切关注激发了人们对性欲望的讨论和思考。福柯认为,性存在的现代话语是一种权力的散布形式,不仅激发了欲望,也催生了身份,所以说我们的性实践定义了我们是谁。实际上,"性存在"这一术语就是通过这些话语构建的。

杰弗里·威克斯(Jeffrey Weeks)在其现代欧洲性存在史的历史概述中,阐述福柯的观念,他认为:

> 当社会为了道德一致、经济福祉、国家安全或卫生与健康等利益,越来越关心其成员的生活之时,社会将越来越专注于个体成员的性生活,从而导致控制和管理的复杂手段的兴起,道德恐慌,医疗、卫生和法律、福利干预,或科学探索的盛行,一切旨在通过理解性来理解自身。②

福柯对现代性存在(modern sexuality)的看法,福柯认为现代社会对性的理解如何与古代、前近代欧洲和亚洲的理解不同,这些观点的中心正是性存在与人自身的联系。

历史学家如今认为,同性恋是一个现代的范畴,在19世纪之前并不存在。甚至在福柯的研究出版之前,男女同性恋史家就指出异性恋—同性恋二分法源于近世。虽然早期欧洲社会因为生育与继承的利益,认为管理性行为很重要,而今日所理解的同性恋,被认为是一种存在状态,定义那些与同性有着亲密行为的人的身份,在过去是没有这种意义的。同 26
性之间的情欲行为当然存在于所有文化中,但是有过这些行为的人并不被视为同性恋。关注过去同性间行为的历史研究,帮助人们更清晰地理

① Michel Foucault, *The History of Sexuality*, *Vol. 1: An Introduction*, London: Allen Lane, 1979.
② Jeffrey Weeks, *Sexuality*, 2nd edition. London: Routledge, 2003: 30 着重强调的部分。

解性存在的历史性以及性存在是如何被管控的。

研究古代世界的学者戴维·霍尔珀林(David Halperin)认为,根据他的研究,古代雅典的性伴侣并不被理解为男性和女性的角色而是支配和顺从、主动和被动、插入和被插入的角色。①这些并不被视为某种性身份的标志。相反,这些行为被视为个人地位的表达,暗示着某个人的社会身份而不是性身份。霍尔珀林使用了盗窃行为作为类比,让我们更为清晰地理解性活动。古代世界的性活动并不被视为一种相互的行为,正如我们认为盗贼与受害者之间并不存在一种相互且自愿的行为。雅典的男性公民可以插入任何比他社会等级低的人:少年、女性、奴隶和外国人。世界各地、不同时代都有以年龄差异为基础的性关系,比如在17世纪的日本。②

在中世纪和近代早期欧洲,同性之间的性行为叫作鸡奸(sodomy),尽管这个词的含义也包括其他一些被视为悖常的性行为。赫尔穆特·普夫(Helmut Puff)探寻了15—17世纪在欧洲某些德语地区,与鸡奸有关的不断变化的话语,以及管控鸡奸的体系。③通过对审判记录、文学作品和宗教文献等一系列文本的分析,他指出女性和男性都可被控犯有鸡奸罪。在更早的中世纪,鸡奸和宗教异端有关,被控鸡奸者要被处死。在新教改革初期,清除城市性犯罪者的大量运动出现,宗教布道和小册子中大量探讨了鸡奸行为,督促人们生活中不要犯下罪行。新教改革者频繁地谴责天主教领导者犯下鸡奸罪行,并把这种行为描绘成与婚姻相比最野蛮的
27 行径。在16世纪的新教和天主教改革时期,当权者不断试图控制人们言及鸡奸,但与此同时,在苏黎世和卢塞恩地区存在一种性文化——男性间

① David Halperin, *One Hundred Years of Homosexuality and Other Essays on Greek Love*, London: Routledge, 1990.

② 概述可见 Leila J. Rupp, "Toward a Global History of Same-Sex Sexuality," *Journal of the History of Sexuality* 10 (2001): 287-302。

③ Helmut Puff, *Sodomy in Reformation Germany and Switzerland 1400-1600*, Chicago: University of Chicago Press, 2003.

的性活动是很常见的。

在整个欧洲16世纪到18世纪的宗教与政治动荡中，被视为性异常的行为都会被严厉惩罚并受到监控。西班牙和意大利天主教会在宗教裁判所时期，严酷地惩罚那些被认为性不道德的人，教会明确表示婚姻内以生育为目的的性是正当的，这是教会允许的性行为的唯一形式。欧洲和北美的新教徒也同样严厉地惩罚卖淫者、通奸者，把被控鸡奸的人绑在木桩上烧死。又如在17、18世纪之交，荷兰人处死了几百名被控鸡奸的人。[①]

伦道夫·特鲁姆巴赫（Randolph Trumbach）对17世纪80年代到18世纪90年代英国史的研究，揭示了男性性身份在18世纪的转型。[②]在此之前，青年成人男子之间的性行为相当普遍，但他们并不以任何可以辨别的方式标志男性身份。但在18世纪头几十年，男性的性活动开始被看作要么完全是异性恋行为，要么就是鸡奸行为。伦敦被认为是一个由男人、女人和“鸡奸者”（sodomites）居住的城市。因此“鸡奸者”构成了第三种社会性别。在18世纪的伦敦，以同性性行为为主的男性形成了一个兴盛的亚文化区，在那里，想要和其他同性发生性关系的男人聚集在一处人称“莫莉之家”（molly house）的地方。时常出入那里的男性相应地被诋毁为“脂粉气的男子”（mollies）。为了证明他们的男性气概，各个阶层的男子必须遵从新的异性恋性秩序。这种性活动规范转型之时，家庭生活和对家庭的爱也被同时强调。婚外的性活动有所抬头，但主要被男性而非女性所认可，同时性交易行业也兴起了。服务于男性的妓女不仅是一种商业化的性对象，更是成为男性维护异性恋名声的来源。妓女和男鸡奸 28
者同样地被诋毁。特鲁姆巴赫的研究不应被视为构建了一个性自由与性压制对抗的“全盛时期”（golden age）。相反，他重视追溯社会对异性恋

① Robert A. Nye, “Sexuality,” in Teresa A. Meade and Merry E. Wiesner-Hanks, eds, *A Companion to Gender History*, Oxford: Blackwell, 2006:15.

② Randolph Trumbach, *Sex and the Gender Revolution, Vol. I: Heterosexuality and the Third Gender in Enlightenment London*, Chicago: University of Chicago Press, 1998.

的逐渐强调是男子气概的关键，男子气概是在与“他者”对照之下定义的，“他者”就是那些不为人知的同性亚文化的参与者，他们被人们视为鸡奸者。

乔治·昌西（George Chauncy）对纽约市四个地区同性恋男性性活动和性亚文化的研究非常重要。《同性恋纽约》（*Gay New York*）描述并分析了在19、20世纪之交，来自各行各业的男性公开阻挠唯一的异性恋社会范式，加入了一个鲜活而复杂的同性恋世界。[1]正是此时，“同性恋”和“异性恋”这样的术语出现了。同性恋亚文化最先于19世纪90年代在一个叫鲍厄里（Bowery）的地区出现，工人阶级移民居住于此，且红灯区盛行。在此处，当时被医学和其他领域的专家界定为“性倒错者”（invert）的人，在当地以“仙子”（fairies）闻名，在公开场合用夸张的女性行为方式示人。从城市其他地区前来的“正派的中产阶级”男士秘密地拜访鲍厄里，因为卷入同性性活动在他们生活的地区会落下坏名声，这些人自称为“搞同性恋的人”（queer）。20世纪头20年，仙子文化在放荡不羁的格林威治村（Greenwich Village）和黑人哈雷姆地区都有所发展。阶级和种族差异塑造了这些男性如何理解他们的行为、认识他们的伴侣。包括女同性恋活动场所的同性恋文化和性自由的文化圈，在禁酒令时期扩大至城市的中央地区。1931年禁酒令被废除，集中打击男女同性恋的改革运动也开始了，同性恋在当时被视为退化堕落的人，与拥有家庭生活的纯粹异性恋人士形成对比。有趣的是，乔治·昌西指出“gay”这个词语起初是指妓女，她们也和男同性恋一样，被视为“性变态者”（perverts）。

在特鲁姆巴赫和昌西的书中，女同性恋都曾短暂出现，但两部研究主要关注男性。有没有可用的材料、如何阐释相关材料，这些问题困扰了女
29 性间同性关系的研究。如果无法命名女性间的同性活动；如果女性并不用我们所理解的性偏好来确定自己的身份，确定自己和其他女性的关系，

---

① George Chauncey, *Gay New York: Gender, Urban Culture and the Makings of the Gay Male World, 1890-1940*, New York: Basic Books, 1994.

那么我们应该如何研究历史中女性的性主体性(sexual subjectivities of women)?

玛莎·维奇纳斯(Marth Vicinus)指出女性的性主体性一直以来都是流动性的,理解历史中的女性的同性关系应当包括意识到"女性性行为的连续性,女同性恋行为既可以成为符合社会规范的异性恋婚姻与生育的一部分,也可以成为离经叛道之举"。①她认为不论是与其他女性明显的亲密关系,还是这种关系的命名与标签,都不是理解历史中女性性身份和性主体性的必要元素。②这些观念在她的研究《亲密朋友:爱上女人的女人,1778—1928》(*Intimate Friends, Women Who Loved Women, 1778-1928*)一书中有所阐释。③此书运用日记、信件、法庭证词以及小说和诗歌中女性讨论自己的内容,研究了多个受过教育的中产和上流社会的英裔美国女性在一段时间中的同性亲密关系。挖掘出的这些资料,用来揭示女性如何表达她们之间享有的激情与情欲的爱。例如,维奇纳斯讨论了某些与同性有过情欲关系的女性,她们利用维多利亚时期女性性纯洁的观念拒绝并戒除异性恋性行为。她记录了两位女性之间的关系,她们以婚姻伴侣的身份居住在一起,也就是兰戈伦的女士们(Ladies of Llangollen),萨拉·庞森比和埃莉诺·巴特勒(Sarah Ponsonby and Eleanor Butler),还详述了19世纪中叶生活在罗马的美国和英国女性群体中的私通之事。一些人不断地在异性恋情感关系之中进退自如,同时也和其他女性组成同性婚姻。她研究的例子包括那些自我呈现为男性风格的女性,这些女性把自己打扮成假小子、"放荡不羁的"或是一副绅士派头。但角色是不固定的,自封的浪子可能变成保护家庭的丈夫,假小子可能变成节俭的母亲。其中一个例子中有两位女性,在1809年一起运营一所寄宿学校,同

① Martha Vicinus, "Introduction" to Martha Vicinus, ed., *Lesbian Subjects: A Feminist Studies Reader*, Bloomington: Indiana University Press, 1996: 2-3.

② Ibid.: 8-9.

③ Martha Vicinus, *Intimate Friends: Women Who Loved Women, 1778-1928*, Chicago: University of Chicago Press, 2004.

床共枕为人所见。她们起诉一名贵族女性诽谤，因为后者的英印混血孙女是这个学校的学生，她指责女校长们进行"下流的罪恶的行为"。因为种族因素，她们赢得了诉讼——此类行为从不会出现在英国女性中，她们的下流行为是殖民地混血儿扭曲想象的虚构。不过，受指责的两位女校长却被迫离开了学校。维奇纳斯的研究涵盖了一百五十多年中的案例，揭示了女性之间情欲与恋爱关系的多种方式，以及她们如何理解这种情欲和爱慕关系、如何构建自我身份的多样方式。

伊丽莎白·拉波夫斯基·肯尼迪（Elizabeth Lapovsky Kennedy）和马德琳·D. 戴维斯（Madelin D. Davis）研究了纽约州布法罗市工人阶级女同性恋的口述史，这些女性在"二战"后建立了同性恋关系并生活在一起。她们探寻了女性性主体性的诞生以及女同性恋身份和群体意识的发展。[①] 这些工人阶级女性创造了一种"大老粗-娇妻"（butch-fem）文化，作为一种对抗外部世界的方式，公然宣布她们在情欲上的不同之处。她们巧妙篡改了异性恋一夫一妻制的符号，以此方式拒绝遵从主流社会规范，捍卫自己同性恋关系的权利。作者们认为，这些"强悍的酒吧女同性恋"（tough bar lesbians）抵制男性和异性恋规范的支配，通过社会性别角色扮演的方式，利用酒吧空间保护她们不受公共骚扰，她们把酒吧空间视为自己的领地。

历史学家也研究了关于自慰的焦虑。伊莎贝尔·赫尔（Isabel Hull）讨论了德国"漫长的18世纪"的性存在，参考了前文提到的身体的历史，包括考察了18世纪80年代反自慰文学（anti-masturbation literature）的流行。[②]这些文学针对男性群体，主要认为精液是一种男性气概的力量来源，会因自慰行为而流失，从而导致身体和心理的虚弱。这种关于自慰的话语把自慰行为和极度文明的生活联系起来，特别是城市里的生活。寄

① Elizabeth Lapovsky Kennedy and Madeline D. Davis, *Boots of Leather, Slippers of Gold: The History of a Lesbian Community*, New York: Routledge, 1993.

② Hull, *Sexuality*.

宿学校和仆人被归咎于让儿童学会这样的行为。他们应该是从书上学到的,或者在新类型的协会、新形式的交际中被影响。赫尔认为,社会对自 31
慰的焦虑以及相信此类恶习有所增长,是人们担忧这一时代的物质、社会和文化变化,以及这种变化影响儿童和青少年的结果。

与同性恋和自慰一样,卖淫也有历史。人们如何看待妓女,卖淫如何组织和被管控,就像我们在上文特鲁姆巴赫的研究中看到的,在不同时代和文化背景下,性交易在教育或巩固男性气概与男性性存在中扮演的角色都成为了学术研究的对象。

鲁思·梅佐·卡拉斯(Ruth Mazo Karras)对中世纪英格兰卖淫业的研究,基于多种文献材料,包括布道词、管理妓院的公民守则、教会和世俗法庭的记录,考察了人们如何看待妓女,以及妓女生活的经济、社会和文化环境。当妓女本身被认为是有害的,卖淫行为却被社会容忍,视为一种"必要的罪恶"。虽然在英格兰地区,城镇妓院不像在中世纪德国和欧洲大陆其他地区一样普遍,南安普顿(Southampton)和桑威奇(Sandwich)都存在合法的妓院,这显然是为了满足水手的需要,也为保护镇子上受人尊敬的妻子和女儿的美德。卡拉斯认为,女性的性行为一般是流言蜚语和公共关注的主题,因为这决定了她们在居住的社区里的声誉。受人尊敬的已婚女性被认为可能变成"共有的女人"(common women),因此也需要控制和监督。淫欲之罪被认为是所有女性的特质,但是只有妓女"才随意地按欲望行事"。①

林德尔·罗珀(Lyndal Roper)展现了在中世纪晚期的奥格斯堡(Augsburg),妓院是市政运行的服务,给青年男子提供男性气质和婚姻前的新手训练。罗珀认为,妓院强化了男性之间的联系,并且"定义了性能力作为男性特质的核心"。②但人们认为卖淫业也有利于受人尊敬的女

---

① Ruth Mazo Karras, *Common Women: Prostitution and Sexuality in Medieval England*, Oxford: Oxford University Press, 1996: 140.

② Lyndal Roper, *The Holy Household: Women and Morals in Reformation Augsburg*, Oxford: Oxford University Press, 1989: 129.

性，因为此类活动带给她们安全。处女之身被认为极其重要，和婚姻中保持贞洁一样，而一个男人的男子气概则通过他是第一个进入这个女性身体的人而得以巩固。因为路德派牧师的极力推动，在1532年，妓院变成
32 非法的。路德教会推行一种信仰，认为男性的性本能是可控的，他们的性欲望可以通过夫妻生活而被疏导。但伴随新体制出现的是监视权力扩大，妓女和良民之间的界限模糊了。人们恐惧女性的性欲望，所有女性都被怀疑有放荡的可能。

朱迪丝·沃克维茨对维多利亚时期英格兰的卖淫业的重要研究集中于废除《传染疾病法案》（Contagious Disease Acts）的斗争。这项法案1864年被英国议会通过。[1]法案用于保护士兵和水手不染上性疾病，授权驻防城镇的警察要求那些疑似妓女的人注册登记，并且接受羞辱的医学检查。如果疑似妓女的人被发现染上了性病，她们将面临长期的牢狱之灾。全国女士协会（Ladies National Association）在约瑟芬·巴特勒（Josephine Butler）的领导下反对这项法案。因为该法不仅无法阻止性疾病的传播，而且惩罚的是女性而不是招妓的男性。全国女士协会谴责这些男性才是招致此类罪恶和恶果的原因。沃克维茨的研究不仅展现了全国女士协会中那些具有慈善思想的中产阶级成员的工作，也揭示了她们与妓女之间的复杂关系和互动。她们试图拯救的是妓女，也是为了妓女而反对法案。她们有时把自己描绘为“姐妹”，对贫穷会让任何女性走上卖淫之路表示理解；有时又是“母亲”，认为妓女是失去清白的负面人物，但可以通过妓女收容所改造后重获美德。沃克维茨的《性交易与维多利亚社会》（*Prostitution and Victorian Society*）也打开了一扇了解贫穷女性的窗口，展现了根据法案登记在册的妓女和居住在她们社区的其他年轻女孩几乎在各方面都类似。她们并不认为自己是妓女，通常在快三十岁的时候就摆脱这种性工作者的生活，与男人同居或者结婚。沃克维茨指出法

---

[1] Judith Walkowitz, *Prostitution and Victorian Society: Women, Class and the State*, Cambridge: Cambridge University Press, 1980.

案的其中一个影响是,登记为妓女的女性的平均年龄逐渐增长,并且卖淫逐渐成为一种毕生的而非临时的谋生方式。法案最终于1886年被废除。

碰巧的是,对性病的焦虑在大英帝国比在母国更加盛行:《传染病法 33
案》先于母国在海外殖民地通过,这需要更大程度上的监控。菲莉帕·莱文(Philippa Levine)的研究详尽地讨论了大英帝国的卖淫业,时间段从母国《传染病法案》生效,到废除该法案的社会运动及之后(1860—1918)。她考察了卖淫业管制中的性别、种族、人们对帝国统治的担忧以及这三者的联系。[①]帝国政府把殖民地臣民的卖淫活动视为缺乏道德与文明的表现,但当嫖客是欧洲人时,又视为必要的罪恶。管控性交易的目的是为了保护这些欧洲人而不是当地人。东方尤其被视为性放荡之地,卖淫被视为殖民主义必要性的证据。但是,殖民地官员认为卖淫对宣泄攻击性的男性性欲望(aggressive male sexuality)极其重要,而人们认为这是士兵和帝国男性的特征。在帝国的各个地区,殖民地军事和民事官员根据时常光顾的嫖客的"种族"把妓院分为几个等级。一等的妓院只服务白人男性,在印度,欧洲女性做妓女的妓院也被视为一等,只向英国士兵提供服务。三等妓院的嫖客和妓女都是当地人。与母国不同,卖淫业在殖民地是合法的且受到管控。在东南亚殖民地,妓女被要求携带身份证件,到了19世纪末,妓院需要展示妓女的照片和详细信息。

为军队管理卖淫业,不仅是维多利亚时代的英国在19世纪80年代中叶以前,以及英帝国在更长时间内的特点,也是纳粹德国的一项政策。安妮特·蒂姆(Annette Timm)在她的研究中展现了这一点。[②] 纳粹政府掌权后,运用法律权威界定与犹太人的性交易和性活动是一种"反社会"的行为,必须受到严惩。纳粹花了大量精力去"清洁街道",街头拉客的妓女受到了严厉的处罚。但许多城市管理者仍创立妓院,坚持这是保护 34

① Philippa Levine, *Prostitution, Race and Politics: Policing Venereal Disease in the British Empire*, London: Routledge, 2003.

② Annette F. Timm, "Sex with a Purpose: Prostitution, Venereal Disease, and Militarized Masculinity in the Third Reich," *Journal of the History of Sexuality* 11 (2002): 223-255.

公共健康的必要举措。20 世纪 30 年代中叶，政府支持的妓院合法化，军队也起了推动作用。妓女本身被贬低为“下等人种”，尽管她们在妓院中满足了卫生防控和军事需要。战争开始后，那些被认为是妓女的人被登记在册并限制在妓院里。如果她们离开了警察或医生的监控，就会被送去集中营。经常流连酒吧和其他娱乐场所的女性，被严格监控，所有在公共场合展示女性性特征的行为，都被视为是对人口健康的威胁。与此同时，军队和民间的妓院也越来越多。蒂姆认为公共健康最终并非妓院制度化的原因。相反，保护人免受性疾病的侵害其实是一个“烟幕弹”，掩盖了政府引导性欲望以满足侵略性的军事主义和种族政策的需要。只有在性上面获得满足，并被赋予机会表现自己充沛的性欲望，男人才会成为一个真正的男人、一个英勇的有战斗力的士兵。男性的性欲与国家的军事力量相互映照。

小　结

这一章覆盖了生理性别/社会性别两分法的问题，回顾了一些观点，这些观点认为生物学和生理的性本身也有历史。本章还讨论了一些思考方式：在维持物质身体的某些观念时，并不假设身体是独立于文化之外的。本章也探寻了一些以身体和性存在为中心，并用社会性别作为分析范畴的历史研究。我们应当如何总结思路，体现出社会性别对身体史和性存在史都至关重要？我们已经看到了男性和女性的社会性别化的身
35 体，他们的性活动被当成政治符号和民族国家符号加以利用。在 18 世纪末，社会性别的差异由衣着表明，这对革命时期的法国人和公民社会发展时期的德国人建立男性间的相似和男女间的差异至关重要。我们也了解到，社会对同性性行为的看法是随着时间改变的，但社会对同性性活动的焦虑和敌意却和宗教坚持婚姻内以生育为目的的性行为息息相关。虽然不同时代对同性恋行为的容忍程度各异，但性身份似乎起源于 18—19 世纪。我们也认识到，那些与同性有过互动，或者性欲望对象是同性的男女

往往也接受了社会性别角色，在他们追求同性性欲关系的过程中可能颠覆社会已有的性别规范。最后，我们看到了政府管控性交易不仅因为担心女性的性欲望，也和社会对男性气概和男性性欲望的特殊理解、男性女性的“种族”有关。下一章将探讨种族/族裔、阶级和社会性别并非社会生活的独立层面，而是在历史中以重要的方式相互构成和相互关联。

第三章

性别与其他差异关系

36 正如第一章极其简短地提到，对20世纪70年代和80年代女性史的主要批判之一，就是女性史忽略了女性之间的差异。美国女性史似乎主要集中研究白人中产阶级女性，非洲裔和拉美裔女性主义学者在整个20世纪80年代对此提出质疑。他们的学术研究和批判，让女性史领域变得更为包容。这一趋势也促进了大量的反思：性别影响女性生活的方式如何受到种族差异和族裔差异的影响。在1990年出版的《不平等的姐妹》(*Unequal Sisters*)第一版导论中，美国历史学家薇姬·鲁伊斯(Vicki Ruiz)和埃伦·卡萝尔·杜波依斯(Ellen Carol Dubois)写道：

> 承认"差异"的呼声不断增长——在少数群体女性史中象征性地探索，已经不能满足女性经历多样性的需求……必须重塑探索女性史旅程本身。许多领域提倡用更复杂的方法研究女性经历。也就是说，不仅探寻男女之间的冲突，也要探寻女人之间的冲突；不仅探寻女人之间的纽带，也要探寻男女之间的纽带。只有这样多面的角度才能够充分"阐明塑造女性生活的不同权力体系的相互联系"。[1]

37 为了书写更为全面的女性生活的历史，让种族、阶级和性别"同等地且同

---

[1] Vicki L. Ruiz and Ellen Carol DuBois, eds, *Unequal Sisters: A Multicultural Reader in US Women's History*, 3rd edition, London: Routledge, 2000: xi. 文内引用归功于乔安妮·迈耶罗维茨(Joanne Meyerowitz)。

时(在研究中)起作用”,作者们意识到了这一挑战。[1]

性别史领域是在这样的背景下发展成形的:社会性别被视为一种男女之间关系的等级秩序,或者人们赋予可感知的男女间差异的意义;而女性主义学者不断认识到,社会性别对具体历史时刻中的所有男性和女性而言,并非按照同样的方式运作。毋宁说,社会性别在女性和男性的生活中如何运作,以及女性和男性的特定含义,皆依赖于其他的按等级秩序排列的差异(hierarchically ordered differences),以及不同文化的差异。这一情况愈加明显。因此,性别并非只有单一的历史而是有着复数的历史。

性别史作为女性主义学术研究领域的一个重要方面,关注的是语境(context)。引起一些性别史学者关注的主要问题非常关键:在阶级、种族/族裔也在发挥作用且创造了不平等的权力关系的背景之下,人们如何创造并理解性别差异?要回答这一问题,不仅要承认不同文化之间和特定社会中的多样性,也要认识到在权力中形成的复杂的差异,影响了女性之间、男性之间和男女之间的关系。还要考察,性别有可能成为构建其他差异和等级排列的共谋。

为考察性别在不同时期和地区如何体现,审视性别差异如何被构建,我们需要相互联系地理解概念。正如吉塞拉·博克(Gisela Bock)在1989年写道,“把性别视为一种社会文化关系,让我们可以用新的眼光对待性别与无数其他社会文化关系之间的联系……性别是所有其他关系的一种构成要素”。[2]研究性别、种族/族裔或阶级如何相互构成、并且在历史中共同起作用,学者们必须关注群体之间的接触,不论这种接触存在于人际关系之中,还是借由“他者”的描述而呈现。

有关男女慈善事业与政治活动的研究阐释了性别、种族/族裔和阶级 38

---

① Vicki L. Ruiz and Ellen Carol DuBois, eds, *Unequal Sisters: A Multicultural Reader in US Women's History*, 3rd edition, London: Routledge, 2000: xiii. 文内引用归功于乔安妮·迈耶罗维茨。

② Gisela Bock, “Women's History and Gender History: Aspects of an International Debate,” *Gender & History* 1 (1989): 15, 20.

的复杂关系。自20世纪70年代初以来,美国的女性史学者对探寻和理解白人中产阶级女性的慈善与救济活动很感兴趣,他们主要从家庭和公共领域中女性和男性的分离这一视角出发。19世纪和20世纪初,进入公共领域的女性利用女性身份的观念,证明她们参加宣传相关政策的组织、参与救助不如自己富裕的群体的活动是合理的。但对全体女性而言,这些理想目标并不一致。琳达·戈登(Linda Gordon)的研究对比了20世纪初白人和黑人女性改革者的福利观念,揭示了两个群体在发展方向上的重要差别。[①]白人女性理解的福利活动是指帮助那些不仅在社会地位上是“他者”,在族裔和宗教信仰上也是“他者”的人。黑人女性则相反,虽然改革者比起那些打算申请救济的人在经济上更优越,也受过更好的教育,但她们把自己视为帮助“自身同类”的人。戈登比较了白人女性和黑人女性的定位,指出白人女性社会工作者认为自己在施舍慈善和救济物品,而黑人女性社工通常和救济对象住在同一个或相似的街区,更关注教育和健康问题。她们试图提供普遍的服务,而不像白人改革者所支持的福利项目,需要经济背景调查,并用道德标准区分值得帮助和不值得帮助的人。虽然在某种程度上,黑人改革者和白人改革者共有的对性别的理解塑造了他们关注的事务,戈登仍然展现了“种族”在白人和黑人女性对社会福利的不同看法中至关重要。

南希·休伊特(Nancy Hewitt)研究了19世纪佛罗里达坦帕(Tampa)地区的拉美裔女性的慈善活动,指出社会阶级差别决定了同族裔(co-ethnic)的拉美裔女性如何看待这些努力。富裕的西班牙裔女性认为她们的
39 志愿工作是一种赈济,但是工人阶级的古巴裔女性则讨论的是互助。休伊特的总结指出,她对坦帕地区慈善形式的研究展现了“个人的阶级、族

① Linda Gordon, “Black and White Visions of Welfare: Women's Welfare Activism,” in Ruiz and DuBois, eds, *Unequal Sisters*: 214-241.

裔和性别身份与经历的错综复杂的相互依存”。①

在19世纪末的伦敦，中上阶层女性以家访员(home visitors)的身份定期走进贫穷社区，就像埃伦·罗斯(Ellen Ross)展现的那样。在20世纪初，她们给予婴儿护理和儿童除虱的指导，调查救济对象家中12—14岁的孩子承担了什么性质的工作。“女士们”作为卫生访视员(health visitors)和社会工作者来到工人阶级母亲的家中，试图用现代方法革新儿童喂养和保育方式，这些母亲的方法在“女士们”看来都是从本地街区的“老甘普太太②和寡妇们”(old gamps and dowagers)那里学来的。但罗斯认为，这些“女士们”并非傲慢的行善者。相反，一些人也展现了对女性救济对象的理解和同情。

格温德琳·明克(Gwendolyn Mink)在她对20世纪早期中产阶级白人改革者如何影响美国福利政策的研究中提出，中产阶级改革者发起的政策是支持母亲们的，但是那些执行政策者在这种支持之上增加了移民女性应当如何成为一个(合格)母亲的特别看法。明克和其他学者所称的“母性主义”(materialist)政策，认为其他族裔的母亲不同于“美国式”母亲，因此与大多数公众的利益相悖。教育者强调通过在学校教授家政和烹饪，使女孩子“美国化”。访视的老师教给移民母亲用恰当的“美国式”原料替代那些移民原本熟悉的常见配方原料。美国奶酪和黄油用于替代橄榄油和意大利帕尔马干酪。西南部墨西哥裔的女性要学会制作以黄油和面粉为底料的酱汁，取代含有果仁、辣椒和芝士的番茄酱，大蒜是不被支持使用的。③

明克的研究包含了一些例子，涉及母亲身份的“美国化”如何成为20 40

---

① Nancy Hewitt, “‘Charity or Mutual Aid?’: Two Perspectives on Latin Women's Philanthropy in Tampa, Florida,” in Kathleen D. McCarthy, ed., *Lady Bountiful Revisited: Women, Philanthropy and Power*, New Brunswick, NJ: Rutgers University Press, 1990: 55-69.

② 甘普一词源自狄更斯的小说《马丁·翟述伟》中的莎拉·甘普太太，一名拿着大棉伞的护士，未受过专业训练，笨拙粗鲁，见风使舵，总是酗酒。是一种负面的护士形象。——译者注

③ Gwendolyn Mink, *Wages of Motherhood*, Ithaca: Cornell University Press, 1995: 特别参见第一章。

世纪初福利政策的发展与执行中的一个重要方面。而年·沙阿(Nyan Shah)则关注于一些细节:在19世纪最后25年中,公众对华人移民女性家庭活动和社会行为的态度如何影响了家庭改革项目(projects of domestic reform)中的旧金山白人中产阶级女性。她专门研究了玛丽·索泰勒(Mary Sawtelle)医生——一位当地医生和医疗咨询期刊编辑。这位医生认为中国移民女性是“密谋向美国家庭传入梅毒”的妓女。她在长老会女传教士群体中提倡家访,尽力改革已婚华人女性的卫生习惯,就像维多利亚时期伦敦的白人“女士们”一样。沙阿认为,索泰勒和其他医生以及传教士们,想象白人中产阶级家庭生活范式与华人文化习俗截然不同。在中产阶级家庭文化中女性是守护者,还有不断增长的一种看法——身体健康是公民义务,这两种观念共同塑造了她们的改革活动。此外,她们也集中精力于“道德净化”(moral purity),把“净化”视为一种性别化的责任,与美国白人女性身份联系起来。反讽的是,在20世纪二三十年代,美国华人社工利用卫生、家庭和性别之间的联系,列举相关证据,展现中国城变成了一个兴旺的“家庭社会”之地,从而提倡为社群提供更好的社会服务。[1]

在文章中,沙阿把旧金山的女性家庭改革项目和更为广泛的帝国计划相连,包括新教传教士通过输出中产阶级家庭生活观念,致力于将海外“他者”文明化。受到19世纪早期福音新教主义影响的中产阶级家庭生活观念,对英国女性反奴隶制运动而言也非常重要。克莱尔·米奇利(Clare Midgley)的《反对奴隶制的女性:英国的斗争,1780—1870》(*Women against Slavery: The British Campaigns, 1780-1870*)认为,女性废奴主义者在女性和母亲的基础上建立了她们的社会性别认同,也受到了分离领域意识形态的影响,她们反奴隶制观念的核心是:奴隶制破坏了黑

---

① Nayan Shah, "Cleansing Motherhood: Hygiene and the Culture of Domesticity in San Francisco's Chinatown, 1875-1900," in Antoinette Burton, ed., *Gender, Sexuality and Colonial Modernities*, London: Routledge, 1999: 19-32.

人的家庭生活，女性作为奴隶也遭受了残忍的惩罚和性剥削。米奇利指出，在英国，女性参与的废奴运动和她们的慈善活动、福音传教工作联系密切。这些女性视这种参与"在她们被指派为道德捍卫者的角色中，是义不容辞的责任"，并且她们把"相信黑人人性（black humanity）和确信非洲文化是劣等的"两种观念结合起来。[①]虽然女性废奴组织在19世纪20年代采用了如下标语："我不是一个女人和姐妹么？"米奇利指出，她们重现的黑人奴隶形象显示了奴隶作为一个恳求者（supplicant），跪着祈求帮助，而白人英国妇女被描绘为一种帝国母性形象，例如不列颠尼亚女神、正义女神、自由女神或维多利亚女王。

英国女性的废奴运动是在更大的帝国计划背景下创建的。所以，19世纪20年代前往西印度奴隶殖民地牙买加的浸礼会男性传教士的工作亦是如此。凯瑟琳·霍尔在她详尽的研究《教化臣民：英国人想象中的母国与殖民地，1830—1867》（*Civilizing Subjects: Metropole and Colony in the English Imagination, 1830-1867*）中，展现了传教士对奴隶制的激烈反对，原因是这种制度把白人殖民者变成性堕落的人，也阻碍被奴役的男女享有家庭生活的益处。青年男子为了成为传教士而接受训练，他们被灌输基督教男性气质价值观，教会期望他们在前往牙买加传教之前就结婚。婚姻受人尊重，对传教士的男子气概而言，婚姻是必需的，部分原因是婚姻可以培养他们的妻子对家庭的挚爱并确保他们自身的道德健全。家庭对传教士的慰藉而言至关重要，因为他们参与了黑人的事务，面临着殖民者的敌意，而"家庭事业"提供了一个他们与教会之间关系的模范。"传教士的角色在家庭事业中是与他的父亲身份——一家之长、家中之父、教会的神父、在他的学校里就读的孩子的父亲——紧密联系的。"[②]这样的父权制体系也是由性别和种族等级制构建的。传教士认为他们的努力是

---

① Clare Midgley, *Women against Slavery: The British Campaigns, 1780-1870*, London: Routledge, 1992: 200.

② Catherine Hall, *Civilising Subjects: Metropole and Colony in the English Imagination, 1830-1867*, Chicago: University of Chicago Press, 2002: 95.

给“贫穷的造物”带来“救赎、男子气概和自由”。①他们相信奴隶是这种可鄙制度下的无助的受害人。但是霍尔认为,种族等级制削弱了他们要求人类平等的话语,因为传教士认为黑人就像孩子一样,需要他们慈父般的引导。

42 他们认为,解放会让曾是奴隶的人独立。然后这些人会获得成功,变成像中产阶级白人英国人一样,成为基督教男子气概价值观的榜样,并养活他们的家庭。但是解放了的黑人奴隶和传教士之间的友谊是有限的——不允许太多的独立,也不容忍不符合传教士理想的行为。随着时间的流逝,牙买加和英国的传教士的梦想破灭,他们中的一些人渐渐地相信,黑人中有一种“与生俱来的”特质,阻碍他们按传教士曾经设想的方式变成文明的基督徒。霍尔研究的复杂性展现了殖民地与母国如何难分难解地交织在一起。本书简短的讨论无法完全揭示这种复杂性。但就我们的目的而言,重要的是可以看到种族与性别的结合在许多方面对传教士的废奴事业非常重要,这项事业本身又是帝国计划的一部分。

安托瓦妮特·伯顿(Antoinette Burton)开创性地研究了英国女性主义期刊以及与印度废除传染病法案运动和母国选举权运动相关的文献。她揭示了性别与帝国文化对 19 世纪英国女性主义者争取政治公民权的重要作用。伯顿的贡献很重要,因为她的研究展现了只有在帝国的背景之下,才能完全理解发生在伦敦的英国女性权利运动。在这一背景下,女性主义者认为她们值得拥有投票权。伯顿描绘了女性主义者利用“印度女人”的形象,提出参与“帝国文明教化任务”是她们的性别责任。她的分析说明了印度女性如何被描绘为“无助的受害者”,从而依赖于她们的英国姐妹解决困境。女性主义者关注印度女性卑微的社会地位,童婚、与世隔绝和强迫守寡等文化行为表明了这种地位。女性主义帝国主义(feminist imperialism)与男权帝国主义(masculinist)强调白人男性的军事

① Catherine Hall, *Civilising Subjects: Metropole and Colony in the English Imagination, 1830-1867*, Chicago: University of Chicago Press, 2002: 97.

勇武不同，强调女性的道德权威是帝国统治的必要组成。伯顿认为女性的帝国使命基于一种盎格鲁-撒克逊种族的自豪感和英国的民族自尊。①

在奴隶制时期和奴隶解放之后的几十年中，西印度殖民地巴巴多斯 43
群岛(Barbados)的富有白人女性创办了慈善组织，一项关于这些慈善活动的研究阐明了一些种族、阶级、性别的相关观点，在先前的段落中已有详述。梅拉妮·牛顿(Melanie Newton)的论文《慈善事业、性别和巴巴多斯的公共生活的产生，约 1790—1850》(Philanthropy, Gender, and the Production of Public Life in Barbados, ca 1790-ca 1850)，关注了白人精英为维护他们对自由女性和有色人种男性的权威而发起的斗争，因而强化了岛上的白/黑种族等级制。从 19 世纪 20 年代起，慈善组织在巴巴多斯活跃起来。一些组织是富有白人女性承担公共母性(public maternal)角色的地方；另一些组织由自由的非白人男性和女性组成，这些人利用家庭生活的思想观念以展现她们在公共领域的名望与地位。当非白人的慈善协会挑战奴隶制原则时，自由的黑人精英男性也利用这一机会要求政治权利，而白人女性的慈善活动促进了白人精英男性强化种族等级制的活动。②用性别塑造"她者"女性的家庭生活，从而标志她们自身优越于"她者"女性，正如先前讨论的慈善活动所展现的，巴巴多斯的白人精英女性表明了这种差异。精英们时常想象性别关系和女性气质的理想典范，以表明谁能被认为是文明的，或者谁值得民族的归属(merit national belonging)。

目前讨论的研究表明，虽然包括慈善业、废奴运动和保护印度女性等行善活动无疑是出于好意的，对受施的"他者"而言也有积极结果，但这些努力形成过程很复杂，结果也很多元。依靠"我们"和"他们"的等级区

---

① Antoinette Burton, *Burdens of History: British Feminists, Indian Women and Imperial Culture, 1865-1955*, Chapel Hill: University of North Carolina Press, 1994.

② Melanie Newton, "Philanthropy, Gender, and the Production of Public Life in Barbados, ca 1790-ca 1850," in Pamela Scully and Diana Paton, eds, *Gender and Slave Emancipation in the Atlantic World*, Durham, NC: Duke University Press, 2005: 225-246.

分,“种族”和(或)阶级塑造了这些社会性别化的人道主义努力,这些努力有助于构建或者增强参与者以特定的阶级、种族和性别为基础的身份。伯顿研究中的女性主义者,牛顿笔下的巴巴多斯群岛精英,这些行动者是在有意识地且故意地操控性别、种族和阶级的意识形态么?他们追求这些是为了政治目的或者保护他们自己在社会中的地位么?众所周知,动机是难以被记录的。但我们理解有关差异的观念是如何运作的,并不需
44 要从个人动机的角度去思考。相反,参与这类活动的男女的言行受到了当时被视为理所当然的观念的影响,认识到这一点非常重要。换而言之,他们参与的活动是更大的阶级和(或)帝国计划的一部分——这些计划塑造了人们对自己和周遭世界的理解。与此同时,他们的言辞与行动不仅受到当时正流行的差异的等级制度的影响,也对其起到了推动的作用。

上文简要介绍了牛顿关于西印度群岛上自由黑人和白人精英的论文,这衔接了接下来将要讨论的极为重要的问题:性别与种族/族裔在美国和加勒比海地区奴隶制中,以及在更广泛的帝国或殖民地计划中的交叉角色。奴隶贸易和种植园奴隶制对加勒比海的英帝国计划、美国革命以前的北美,当然都是极为重要的。此外,如凯瑟琳·霍尔所强调的,“帝国的时代是一个通过阶级、种族和性别的坐标轴详尽阐释差异结构的时代”。[1]我将分别讨论奴隶制历史和殖民主义历史中种族与性别的相互依赖,但是也会指出性别史学者强调的与之相关的不同类型的问题。

德博拉·格雷·怀特(Deborah Gray White)的《我不是个女人么?》(*Ar'n't I a Woman?*)于1979年出版,杰奎琳·琼斯(Jacqueline Jones)的《悲伤与爱之劳动》(*Labor of Love, Labor of Sorrow*)于1985年出版,这两本书是对美国奴隶制中黑人女性生活的开创性研究。怀特的研究关注女性的生活和社区,但也探寻了她们与男性奴隶之间的关系。她的研究认

---

① Hall, *Civilising Subjects*: 16.

为此类关系相对平等,并不像种植园主家庭中的父权制。她展现了尽管在黑人家庭中也存在劳动的性别分工,但是这并不能解释为男性或女性任意一方主导他们的家庭。[①]琼斯对奴隶制下女性生活进行全面考察,也探讨了种植园制度如何根据生理性别塑造劳动分工,还涉及了这种分工在解放后的社会中对女性工作与家庭关系的长期影响。她的研究凸显了 45
奴隶制及其余波如何塑造性别差异的含义,也展现了考虑种族和阶级差异如何影响性别塑造人们生活的方式,极具重要性。显而易见,白人精英和奴隶的家庭生活与性别关系有一定差异。[②]诸如怀特和琼斯这类学者的历史研究,非常重要地展现了女性之间的差异,揭示了奴隶制对女性工作和家庭生活的社会性别化的影响(gendered impact)。而近期关于性别和奴隶制的研究,超越了对女性之间差异、女性在家庭中的地位以及劳动的性别分工的关注,探讨性别如何用于种族分类,研究在奴隶制的诞生和管理中,性别与种族如何结合在一起,以及性别与种族在奴隶制体系中的核心地位。

最著名的例子是凯瑟琳·布朗(Kathleen Brown)出版于1996年的研究《贤妻、荡妇与焦虑的家长:弗吉尼亚殖民地的性别、种族和权力》(*Good Wives, Nasty Wenches and Anxious Patriarchs: Gender, Race and Power in Colonial Virginia*)。布朗的研究运用了多种不同的历史证据,尤其是法院档案,细致地展现了性别在弗吉尼亚(英国第一个北美殖民地)种族奴隶制体系中的角色。此外,作者展现了性别在种族分类构建中的关键作用。她对家庭与政治体制中的性别关系在奴隶制兴起时如何转型的分析,揭示了种族处于父权制性别关系的中心地位。

布朗的研究把性别置于17世纪早期到18世纪中叶弗吉尼亚殖民地历史叙述的中心,把"性别、奴隶制和精英统治视为相互关联的权力关

---

① Deborah Gray White, *Ar'n't I a Woman?: Female Slaves in the Plantation South*, New York: W. W. Norton, 1985.

② Jacqueline Jones, *Labor of Love, Labor of Sorrow: Black Women, Work, and the Family, from Slavery to the Present*, New York: Vintage, 1985.

系，而它们的历史相互交织、彼此塑造”。[1]换而言之，布朗概念化了“种族、阶级、性别，视它们为相互交叠和关联的社会范畴”。[2]

该书的标题也抓住了她所讲述的故事的意义。在近代早期的英格兰，“贤妻”和“荡妇”的区别也就意味着受人尊敬的“中等阶层身份的”
46 已婚女性和被怀疑性放荡的贫穷女性的区别。在整个17世纪的弗吉尼亚殖民地，烟草种植经济的增长，给这种区分带来了新的含义。在17世纪20年代初，被带去殖民地的英国女性是契约仆，在田地里和男人一道劳作。“贤妻”和“荡妇”的区别就意味着“有道德的受人尊敬的女人——已婚的且在家劳作的——和道德败坏的、堕落的、难以胜任男性的体力劳动的荡妇”。[3]婚姻对这种区分而言非常重要，因为通过婚姻女性可以变成“贤妻”，而她们的性欲望可以在丈夫的控制之下。“贤妻”和“荡妇”的区别因此是一种社会性别、婚姻状态、社会地位或者阶层权力的体现。渐渐地这一区分被种族化。英国裔的女性被视为有道德和美德的人，而非洲裔女性是荡妇，被认为在性方面是放荡的且可能作恶。

布朗通过考察法庭案例和管理奴隶制律法的诞生来展现这种转变。1643年，弗吉尼亚议会通过了一项法律，区分在田间工作的英国女性和非洲裔女性，向女奴隶收取“什一税”（tithable）或者征收和所有受雇的英国男性和男奴隶一样的税。非洲女性因此在法律上被理解为和男性劳动者一样，把她们和所有的英国女性区别开。因此，女性身份（womanhood）不再与阶级关系密切，而是一个种族问题了。在整个17世纪60年代，殖民地制定了其他法律以强调奴隶制的“种族”定义，把非洲裔人与其他人分开。1662年，一项法令定义非洲女奴的子女是她们主人的财产。因此，不管孩子的父亲是谁，奴隶制通过非洲裔女性世代相传。在1668年之前，自由的非洲裔女人也必须交“什一税”，这进一步强调了非洲人是

---

① Kathleen M. Brown, *Good Wives, Nasty Wenches and Anxious Patriarchs: Gender, Race and Power in Colonial Virginia*, Chapel Hill: University of North Carolina Press, 1996: 4.

② Ibid.

③ Ibid.: 104.

财产而不是自然人的观念。这类聚焦非洲女性的法律,让女性身份的概念特定种族化(race-specific)。最终,17 世纪末的跨种族婚姻禁令给予白人男性独有的与白人女性发生性关系的权利,允许严厉惩罚与黑人发生性关系的白人女仆,也保留了白人男性与非洲裔女性发生性关系的权利。正 47
如布朗指出的,“种族化的家长制和性征化的种族概念为白人男性创造了新的方式,以巩固他们在奴隶制社会中的权力”。[1]布朗也认为,当殖民地发展出正式的法律体系,变成一个由白人精英男性统治的奴隶社会之后,白人女性作为社会舆论的仲裁者则变得更沉默。在下一章我将谈到布朗对男性气概和“焦虑的家长们”的讨论,这种向修正的父权制的社会转型不但体现了种族区分,也表明性别等级随着奴隶制的完善而变得更为明显。

性别对于奴隶制制度是重要的,不仅在弗吉尼亚(或者一般的美国南部地区),在加勒比海地区也是如此。正如希拉里 · McD. 比克尔斯(Hilary McD. Beckles)指出,从西非被带到加勒比海地区的奴隶中,女性比男性少。他把这个原因归结于西非的占支配地位的性别秩序,女性在田间劳作而男人相比则可有可无,因此男人很容易被卖掉当奴隶。在西印度种植园,被奴役的非洲男人被迫从事他们认为是女性应该做的工作,也就是在田地里劳作。尽管英国人并不期待白人女性在田地里劳动,但因为渴求劳动力,从 1624 年到 1670 年,来自英国的女性契约仆被输往殖民地。在 17 世纪末,英国种植园主们制定了一项政策,禁止白人女性在种植园的劳动群体中干活。为了将白人女性和黑人男性之间跨种族的性危险降到最低,他们必须分开。在布朗描述的弗吉尼亚殖民地,父权制被种族化了。在 17 世纪末和 18 世纪初,种植园主越来越关注非洲女奴的生育情况,期望黑人女性既能生育子女又可从事艰巨的劳动。她们的生育率较低则会被认为缺乏女性气质——会被当成“亚马孙女战士”抛弃。种植园管理者开始向奴隶提供生育的经济激励,以促进奴隶人口的增长(因奴隶贸易被废除而

---

[1] Kathleen M. Brown, *Good Wives, Nasty Wenches and Anxious Patriarchs: Gender, Race and Power in Colonial Virginia*, Chapel Hill: University of North Carolina Press, 1996: 2.

受到威胁),他们也鼓励年轻奴隶组成基督教婚姻以反驳废奴主义者的
48 声明。比克尔斯认为,此后,黑人女性处于奴隶制体系的中心地位,她们对废奴主义运动和支持奴隶制运动而言,也处于政治上的中心地位。[①]

珍妮弗·摩根(Jennifer Morgan)的研究《劳动女性:新世界奴隶制中的生育与性别》(*Laboring Women: Reproduction and Gender in New World Slavery*)支持并进一步阐释了比克尔斯有关女性生育劳动力(reproductive labor)处于奴隶制中心地位的观点。摩根的研究考察了女性和性别对17世纪和18世纪英属加勒比海(巴巴多斯群岛)和美国南部(南卡罗来纳州)奴隶制的重要性。通过考察16、17世纪非洲女性的形象和旅行者对她们的描述,摩根指出这些描述说明了种族差异观念的出现,这种观念推动了奴隶贸易合法化。最重要的是,非洲女性被描绘得身体强壮,适合在公共场所生育,并且不久就可以回归生产劳动。尽管女性奴隶并没有生育许多后代,就像比克尔斯指出的,在英国殖民地,有关她们的描述集中在既能生育又可从事体力劳动,从而证明她们作为奴隶有着双重能力,可为主人带来利润。人们描述非洲女性在分娩时不会感到疼痛,以此区别于欧洲女性。摩根使用17、18世纪巴巴多斯和南卡罗来纳的遗嘱和遗嘱查验记录揭示出,奴隶主发现,女奴的生育可以实现财富的积累,所以他们可能将一个年轻女奴遗赠给两个不同的继承人。[②]

这些关于性别对奴隶制、对种族差异的形成具有重要意义的研究,揭示了性与身体对新世界的奴隶制和身份(这种身份按"种族"划分)建立而言,至关重要。这种关键的联系,与我们将在下文深入讨论的殖民地与帝国计划的内容相关,柯尔斯滕·费希尔(Kirsten Fischer)的《令人生疑的关系:北卡罗来纳殖民地的性、种族和抵抗》(*Suspect Relations: Sex*,

① Hilary McD. Beckles, "Freeing Slavery: Gender Paradigms in the Social History of Caribbean Slavery," in Brian L. Moore, B. W. Higman, Carl Campbell, and Patrick Bryan, eds, *Slavery, Freedom and Gender*, Barbados: University of the West Indies Press, 2001: 197-231.

② Jennifer L. Morgan, *Laboring Women: Reproduction and Gender in New World Slavery*, Philadelphia: University of Pennsylvania Press, 2004.

Race and Resistance in Colonial North Carolina)已经探寻了一些细节。根据她对18世纪北卡罗来纳州低等法院记录的研究,费希尔阐释了殖民地的普通民众如何在涉及暴力(特别是与性相关的)和跨种族的性诽谤的案例中,协助塑造了种族差异的含义。尤其是在跨种族性关系的案例中, 49 寻常百姓表达了种族重要性的观念。费希尔认为,整个18世纪,白人仆从和黑人奴隶受到的惩罚是不同的。在17世纪,白人仆从可能会被打上烙印或者割掉耳朵或舌头,但这些刑罚在18世纪只用于黑人奴隶。北卡罗来纳在18世纪中叶通过一项法律,规定对首次犯罪的男性黑奴处以阉割之刑。这样的政策无疑把社会对性的焦虑和种族差异的强化联系在一起。1715年殖民地通过一项法律,禁止跨种族婚姻,到了18世纪中叶制定了更加严苛的立法,把禁令拓展至拥有非洲裔血统的人。就像费希尔指出的那样,"不合法的性行为象征性地与种族差异的观念联系在一起,让种族似乎和性一样变得有形(corporeal)"。[1]白人主人可以逃脱性剥削黑人女奴的惩罚,而黑人女性则赤身裸体,当众受到鞭打。被指控强奸的非洲裔男子的头颅会被挂在路旁的尖桩上展示。因此暴力也存在着性的维度,强调了社会性别化的种族与性活动之间的联系。

在奴隶解放后的南非英国殖民地好望角(the Cape),"种族"是和婚姻状态联系在一起的,这对界定受尊敬的女性身份而言很关键。帕梅拉·斯库利(Pamela Scully)考察了1838年奴隶制结束后的殖民地强奸案,揭示了"性存在在殖民地身份构建过程中的中心地位",同时也解释了"与种族、性别和阶级相关的隐含假设"如何塑造了殖民地统治。[2]她认为殖民主义(以及奴隶制)创造了条件,让强奸黑人女性的白人男性不受惩罚。斯库利对19世纪中叶种族、性和性别的互动的分析,主要集中在一个被控强奸农场主妻子的青年黑人男劳力的案件上。这个人承认了他

---

① Kirsten Fischer, *Suspect Relations: Sex, Race, and Resistance in Colonial North Carolina*, Ithaca: Cornell University Press, 2002: 11.

② Pamela Scully, "Rape, Race, and Colonial Culture: The Sexual Politics of Identity in the Nineteenth-Century Cape Colony, South Africa," *American Historical Review* 100 (1995): 388.

的罪行并且被判处死刑。白人男性宣称提起强奸控诉的女人是黑人,法
院在收到这些白人男性提交的为他辩护的请愿后,将死刑减刑,显而易
50 见,是因为起诉的女子被认为在性方面轻浮放荡。农场主和他的妻子均
被当地社区的人怀疑是混血(“私生的有色人种”)。法官最初认为受害
者是白人女性,因此并未质疑其正派品质,但当这个女性被认为是黑人的
时候就出现了问题。但是为什么这些白人男性会替被诉强奸的黑人奴隶
请愿呢? 原来,这不是一个孤立的事件。斯库利发现在其他案件中,也有
白人男性关注黑人男子被诉强奸的原因。在所有的此类案例中,受害者
女性都被白人社群认为是黑人。如果一个白人女性被强奸,那么强奸犯
的种族决定了刑罚的性质。斯库利推测,白人请愿者为被诉强奸黑人女
性的黑人男性辩护,实际上拒绝承认强奸黑人女性的行为是值得处以死
刑的罪行(不论强奸者是谁),因为黑人女性天生在性方面是放荡的,毫
无羞耻感。斯库利认为对白人男性而言,这是一种保留对黑人女性性权利
的方式,而不让他们自己陷入违法的危险境地。斯库利的分析再次展现了
性别与种族的相互依存,强调了性存在的重要性,特别是跨种族的性关系
对殖民地的统治而言——为了区分殖民者和被殖民者并且划定差异。

女性主义学者研究不同时期的各类殖民地,揭示了种族化的性别和
亲密空间在殖民化过程和殖民统治中的核心地位。亚洲、非洲和北美洲
以及加勒比海地区的殖民地统治专注于社会对性与婚姻的焦虑。这种焦
虑让人们提出了社会秩序性质的问题、殖民者和统治者如何与被殖民者
和被统治者保持区分的问题,因此持久地与种族政治绑在了一起。这些
因素在不同时期和不同环境下的互动或许并不一致,但是它们是所有帝
51 国社会形态主要关注的事。[①] 菲莉帕·莱文(Phillippa Levine)总结了性
别和性存在对英帝国的重要性,指出“无限制的性活动是对帝国不断的

① “帝国社会形态”(imperial social formation)这一术语是由姆里纳尔里尼·辛哈(Mrinalini Sinha)提出的,见 Mrinalini Sinha, *Colonial Masculinity: The "Manly Englishman" and the "Effeminate Bengali" in the Late Nineteenth Century*, Manchester: Manchester University Press, 1995: 2。

威胁,它瓦解了英国人节制和理性的观念,创造了跨种族的联系,有时甚至是后裔,它鼓励和催生了违法的或不适宜的性行为,这些性行为被认为是危险或不得体的。这些问题对帝国统治的运作而言,绝非微小的顾虑,而是至关重要的。"①

姘居(concubinage,欧洲男子和土著女性非婚同居)、卖淫、欧洲女性的驱逐和输入、普遍禁止白人女性和非白人男性的性接触、担忧非白人男性性侵白人女性以及谁和谁可以合法结婚的问题——从不同方面看,所有这些都是不同的帝国计划中的殖民统治的一部分。

安·斯托莱(Ann Stoler)认为,姘居直到20世纪才在荷属东印度群岛合法,这种行为之所以被主动容忍是为了"把男人留在营房和小屋里,让他们远离妓院,并且不容易在相互间产生有违常情的联系(perverse liaisons)"。②这一实践和印度管理卖淫业一样,就像菲莉帕·莱文指出的,是基于一种假设——男人天生性欲强,需要约束,这样帝国才能维持一种文明代理人的形象。③土著女性像那些后来被送去殖民地、与白人男性组建婚姻家庭的欧洲女性一样,被认为可以让男人满足并适应工作。斯托莱认为,只要欧洲男性统治稳固,这种姘居制度便是荷兰东印度殖民地首选的家庭关系形式,尽管这种统治的基础会变化。考察殖民地的一系列背景,斯托莱发现,当欧洲女性到达的时候,欧洲式的婚姻家庭生活便开始普及,社会对种族差异的关注越发显著。玛丽·普罗奇达(Mary Procida)对英属印度英裔印度人(Anglo-Indian)群体中的女性的研究指出,白人女性对印度男女充满敌意,试图维护她们自己和丈夫的优越地位,因此她们不单是殖民地统治广泛互动中的被动旁观者。④但斯托莱也认为,

① Philippa Levine, "Sexuality, Gender and Empire," in Philippa Levine, ed., *Gender and Empire*, Oxford: Oxford University Press, 2004: 134.

② Ann Laura Stoler, "Making Empire Respectable: The Politics of Race and Sexual Morality in 20th-Century Colonial Cultures," *American Ethnologist* 16 (1989): 637.

③ Levine, "Sexuality": 137.

④ Mary A. Procida, *Married to the Empire: Gender, Politics and Imperialism in India, 1883-1947*, Manchester: Manchester University Press, 2002.

“欧洲女性的声音……很少产生回响，除非她们的反对意见与种族和阶级政治的重组一致”。[1]

在 19 世纪 60 年代殖民地政府的移民计划中，白人英国女性被送往
52 英属哥伦比亚、加拿大，是为了给殖民地带来尊重、道德和家庭生活。阿黛尔·佩里（Adele Perry）对英属哥伦比亚形成过程中的性别和种族的研究表明，通过消除混合种族关系，欧洲女性的存在意味着“充当种族间的界限标记”，白人女性改造欧洲裔的加拿大男人，让他们适应家庭生活，从而给殖民地带来声望。但佩里的分析也揭示了白人女性的存在对殖民地当局而言是“喜忧参半”。经济上依附男性，也没有劳动的机会，殖民地生活在这样的背景下处于危急关头，意味着白人女性不总是符合帝国对她们身份的想象。[2]

从 17 世纪末到 18 世纪最后几十年，在加拿大西部的英帝国前哨，毛皮贸易商和土著女性结婚，正如西尔维娅·凡·柯克（Sylvia Van Kirk）1981 年的研究所展现的那样。直到 19 世纪初才有白人女性在加拿大这一地区出现。但家庭生活对毛皮贸易商而言很重要，而土著社会鼓励本地女性和男贸易商联姻，通过将欧洲裔的加拿大人纳入亲族网络，增强经济纽带。因此，跨种族婚姻和亲族关系的发展对毛皮贸易的发展来说是极其重要的。婚姻形式的制定参考了土著人和欧洲人的习俗，俗称“à la façon du pays”（以这个国家的风俗）——按这个国家的习俗。但是在殖民地时期，此类婚姻变得逐渐稀少，并为白人社会贬低。结果是土著女性受到的性剥削日益增加，“以这个国家的风俗”的婚姻被认为是违法的且不道德的。凡柯克强调，毛皮贸易商和土著女性之间的婚姻可以导致她所说的“许多情感的纽带”——在土著女性和他们欧洲裔加拿大丈夫之

---

[1] Stoler, “Making Empire”: 641.

[2] Adele Perry, *On the Edge of Empire: Gender, Race, and the Making of British Columbia, 1849-1871*, Toronto: University of Toronto Press, 2001.

间的深厚感情会一直发展和持续下去。[1]

凡柯克在最近的论文中认为,到了19世纪末,当土著女性和欧洲裔加拿大男性之间的异族联姻发生时,土著女性失去了她们作为印第安人的法律地位,与之前的时期相反,那时这种婚姻习惯上被视为一种让欧洲裔加拿大男子融入印第安亲族网络的方式。她进而认为,虽然土著女性 53
和欧洲加拿大男人的婚姻或许在殖民地内部得到默许,但鲜有土著男子与欧洲裔加拿大女性结婚的例子。在她展现的两个例子中,土著男子遇到了明显的敌视,凡柯克认为这种敌视源自联姻关系威胁了欧洲裔加拿大男性的特权。当殖民地社会在整个19世纪向西部拓展之时,异族联姻越来越被人鄙视,一种种族主义的话语兴起了,后者尤其谴责那些被称为“异族通婚”(miscegenation)或者“种族”混合的行为。此类结合生下的孩子被认为是退化堕落的。[2]

对加拿大地区的研究表明,社会对殖民者和被殖民者间的跨种族联姻的观念和态度,因时而异,取决于具体情况。拉美裔美国学者指出,跨种族血统是把人口“白人化”的一种方式,一度被赋予重要价值,可以区分土著居民和那些至少拥有部分欧洲血统的人。在英属印度,混合婚姻被贬低、控制。在荷兰东印度殖民地,跨种族的亲密关系在某些时期对某些殖民地男性而言是被鼓励的,在其他时期又是受谴责的。在法属印度支那、荷兰东印度和欧洲的帝国政府中,如何处理和区分这些婚姻关系中出生的后代,是一个引发关注和争论的持久话题。尽管存在这些复杂情况,性别和“种族”总是划分殖民者和被殖民者界限的中心范畴。[3]

---

① Sylvia Van Kirk, "*Many Tender Ties*": *Women in Fur-Trade Society in Western Canada, 1670-1870*, Winnipeg, Manitoba: Watson and Dwyer, 1981.

② Sylvia Van Kirk, "From 'Marrying-In' to 'Marrying-Out': Changing Patterns of Aboriginal/Non-Aboriginal Marriage in Colonial Canada," *Frontiers* 23 (2002): 1-11.

③ Ann Laura Stoler, "Sexual Affronts and Racial Frontiers: European Identities and the Cultural Politics of Exclusion in Colonial Southeast Asia," *Comparative Studies in Society and History* 34 (1992): 514-551. 也见论文 in Ann Laura Stoler, ed., *Haunted by Empire: Geographies of Intimacy in North American History*, Durham, NC: Duke University Press, 2006。

殖民者和被殖民者之间、欧洲人和“他者”之间的亲密关系引发的焦虑也在欧洲母国中盛行。泰勒·斯托瓦尔(Tyler Stovall)对“一战”时期法国发生的一个插曲的研究,展现了社会对异族通婚的巨大恐惧是如何流行的。当时,大量来自马达加斯加的非洲黑人男性来到法国,与许多法国女性一同在工厂工作。这些女性也是为了弥补战时的劳动短缺而在重工业工厂工作。法国当局大力限制任何黑人与法国女性的亲密行为,目
54 的是为保持帝国和家庭中的性别与种族等级制。由于被认为是“野蛮人”,非洲战士受到法国人的欢迎,但非洲人也被认为是道德败坏、性欲旺盛的人,所以他们当工人是值得怀疑的。与此同时,法国的工人阶层女性也被贬低,因为她们被认为是懒惰的,在性方面不道德,就像所有的女人,容易情绪失控。从1914年起,法国尝试为殖民地的定居者招募一些白人配偶,女性殖民者被想象成中产阶级的家庭生活价值观和教养的典范,在殖民地她们过上了一种优越的生活。因此,政府关注的一个问题是,法国女性工人和非洲人之间的性接触将会威胁到“殖民地的”(*la coloniale*)形象,不论是在母国还是在非洲。政府也因为审查员的报告极度忧虑,他们发现殖民者把色情明信片寄回家。斯托瓦尔认为,“非白人男性可能翻阅法国色情明信片的情景颠倒了某种殖民模式——欧洲男性沉醉于土著女性的色情画像”。[①]政府当局用多种方法干预,阻止跨种族亲密行为,包括试图阻止法国女性和非白人男性结婚。这些努力很不成功,但是斯托瓦尔指出,他们的确促成了“法国种族界限的特别观念,特别是异性成员之间的一种支配关系”。[②]

---

① Tyler Stovall, “Love, Labor and Race: Colonial Men and White Women in France during the Great War,” in Tyler Stovall and Georges Van Den Abbeele, eds, *French Civilization and Its Discontents: Nationalism, Colonialism and Race*, Lanham, MD: Lexington Books, 2003: 307.

② Tyler Stovall, “Love, Labor and Race: Colonial Men and White Women in France during the Great War,” in Tyler Stovall and Georges Van Den Abbeele, eds, *French Civilization and Its Discontents: Nationalism, Colonialism and Race*, Lanham, MD: Lexington Books, 2003: 313.

小　结

这一章主要展现了需要将种族、性别和阶级视为一种交叉关联的范畴与关系。学术界对慈善、传教士，以及其他善行活动的研究，解释了种族或族裔与阶级是如何结合性别，塑造了概念和行为的。北美与加勒比海地区奴隶制的相关研究，展现了性别、生育和身体在新世界奴隶制的形成和维持过程中，以及构建差异的过程中的核心作用。最后，把性别置于 55
殖民主义学术研究的中心，体现了殖民者和被殖民者之间多种形式的性亲密行为如何成为帝国计划的核心关注点，因为这些行为威胁了统治的边界。下一章将讨论，使用性别作为一种分析工具不但对于理解持续变化的女性身份的含义至关重要，也促成了男性气概研究成为性别史的一个主题。

第四章

男性与男性气概

56 在女性主义激发的性别史研究中有一个重要的部分，即把男性视为社会性别化的历史主体，并且（或者）探寻男性气概（masculinity）或男性气质（manliness）不断变化的含义。探寻男子作为男性（men as men）以及男性气概含义的历史，是性别史极其重要的贡献，因为专业的历史书写一直以来关注男性的政治、社会和经济活动，却并没有将他们视为社会性别的产物（gendered beings）。换言之，历史叙述中的历史行动者被看作是无社会性别的（genderless）。那些历史叙述中描绘的历史推动者们，被认为是没有形体的（disembodied）。只有女性被认为是具体有形的，例如在19世纪，她们被称为“那个性别”（the sex）。在国族构建的历史、战争史、工业革命史、帝国史等叙事中，创造历史之人的特殊性被忽略，或者被当作是“天生的”。社会性别可能影响相关历史中的社会行动者、进程和事件，这种想法未被审视。正如迈克尔·基梅尔（Michael S. Kimmel）强调的，那些掌权者或处于较高的社会地位的人对自己是“特别构成的群体”视而不见。①他们视自己为“正常人”，是未被注意的普罗大众，而无视他们相对的社会地位，与此同时“那些他者”才是“与众不同的”。

57 性别史的发展促使历史学家提出一些关键的问题，包括过去社会如何理解男性气质，如何理解男性气概的标准或规范，这些气质或标准是否

---

① Michael S. Kimmel, *The History of Men: Essays in the History of American and British Masculinities*, Albany: SUNY Press, 2005: ix.

会影响女性和男性的生活。学者们的目标是在历史分析中，揭示男人作为男性的活动，分析在不同类型的权力体制中，是否存在男性气质（manliness）、男性气概（masculinity）和男性身份的多样含义，以及这些含义是如何牵涉其中的。

在这一章中，我将使用“男性气概”“男性气质”和“男性身份”等术语指代与男性相关的社会性别范式、期待、理想和特征。但“男性气概”这个术语在过去并未被一直使用，实际上这个词的使用在不同的语言中有着不同的历史。在整个 19 世纪的美式英语里，“男性的”（masculine）主要用于“区分那些与男性相关但和女性不同的事物”[①]——例如，“男性衣装”（masculine clothing）与女性的服饰（feminine attire）相对。在 20 世纪，人们开始使用“男性气概”，我们将看到这个词有了具体的意义，不同于早先人们理解的“男性气质”。英语里的“masculinity”源自法语“masculinité”，这个词至少在 18 世纪中叶就出现在法语词典中。但从历史上看，“masculine”最常用于指语言。法国人言及特征之时，更倾向于用“有男子气概的”（virile）或“男性特征”（virilité），这些词汇自 17 世纪起被认为与“女子气的”（effeminate）相反。[②]

在书写男人作为一种性别化的社会行动者的历史时，学者们探寻了社会构建和身为男性的经历是如何影响男性的身份特征和他们的行动的。这些特征和行动在不同的时期、不同的文化和不同的群体中又存在何种差异？重要的是，学者们不是指单数的男性气概，而是指复数的男性气概，因为他们坚持认为，从来不会只有一种“做个男人”（be a man）的方式。相反，在任何时期总是有多种方式。具体时期的男性气质和男性气概的含义，因为其他形式的差异而不同，也基于男人身处的特殊社会背景。在任何一个时期，男人参与了多样的制度设定，最重要的包括家庭、 58

① Gail Bederman, *Manliness and Civilization: A Cultural History of Gender and Race in the United States, 1880-1917*, Chicago: University of Chicago Press, 1996: 18.

② Christopher E. Forth and Bertrand Taithe, "Introduction," in Forth and Taithe, eds, *French Masculinities: History, Culture, Politics*, Basingstoke: Palgrave Macmillan, 2007: 6.

工作场所和成员全是男性的社团，他们也在一生中的不同时期参加不同的团体，比如学校、军队以及街头（帮会）。[①]

在任何具体的历史阶段，男性身份的某类含义可能占支配地位。受到社会学家雷温·康奈尔的影响，历史学者开始使用“霸权的”（hegemonic）一词以表示占支配地位的文化构建，因为这不仅意味着一类特殊的男性特质准则得到凸显，也表示成为男人的诸种方式是相互竞争的。但关键的是，占据统治地位的或者说霸权的男性特质被视为“自然的”。它们体现出一种永久性——这就是“男人应该的样子”或者“真正男人的样子”——尽管这些特质实际上是“偶然的、流动的、社会的和历史构建的、可变的，且处于不断变化之中”。[②]男性气质含义的变化，在某个具体时期男性应当呈现的可能矛盾的特质的结合，以及许多理想型男性气质的替代版本同时存在的事实，表明了男性气概是一个不稳定的社会性别构成。

性别史学者认为男性身份和女性身份通过彼此相互定义。此外，他们承认男性和女性之间的关系是不平等的——以权力差异为特征。但是在历史上，男性气质或男性气概并非仅仅表示为与女性气质（femaleness）相反。约翰·托什（John Tosh）认为，19 世纪英国的“男性气质”“与女性的关系只是其次”，更多的是关于“男性的内在特质，以及可以在一般世界中展现内在特质的行为”。[③]斯特凡·杜丁克（Stefan Dudink）指出，在近代早期的荷兰，“男性气概的定义并非依据与女性特质（femininity）的区别，而是依据接近女里女气（effeminacy）的危险程度”。[④]换言之，“具有

---

① 见 John Tosh, “What Should Historians Do with Masculinity? Reflections on Nineteenth-Century Britain,” *History Workshop Journal* 38 (1994): 179-201。

② Judith Kegan Gardiner, “Introduction,” in Gardiner, ed., *Masculinity Studies and Feminist Theory: New Directions*, New York: Columbia University Press, 2002: 11.

③ Tosh, “What Should Historians Do?”: 183.

④ Stefan Dudink, “Masculinity, Effeminacy, Time: Conceptual Change in the Dutch Age of Democratic Revolutions,” in Stefan Dudink, Karen Hagemann, and John Tosh, eds, *Masculinities in Politics and War: Gendering Modern History*, Manchester: Manchester University Press, 2004: 78.

男性气质”就是与“无男性气质”或与“有女性气质”相反。这样一种对男性气质或男性气概的理解，意味着男性身份也和男性之间的关系相关，就像男性身份和性别等级秩序相关一样，在这种秩序中，男性拥有控制女性的权力。此外，人类学家戴维·吉尔摩（David Gilmore）认为，在大多数社会中，男性身份必须被展现——这是一种必须被考验和证明的状态。①男性气质或男性气概“总是处于一种被审视的状态，或逐渐消失，或无法呈现，因此永远处于一个争议状态”。② 这些主题将会在本章讨论的历史研 59
究中反复出现。

在露丝·梅佐·卡拉斯（Ruth Mazo Karras）关于欧洲中世纪晚期男孩如何成为男人的研究中指出，虽然男性身份的诸多定义意味着男子气是女性气质的对立面，但男子气概实际上是关于男孩通过支配其他男性，或者在与其他男性的竞争中胜出，从而转变为男人。卡拉斯认为，大多数中世纪男性视女性在社会中的从属地位理所当然，女性的服从“总是男性气概的一部分，但并不总是其目的或核心特质”。③ 卡拉斯的分析聚焦于三类男性——大约在13世纪至15世纪之间的骑士、大学生和城市工匠。虽然骑士可能宣称他们用比武格斗赢得女性的爱，但他们比武的英勇是为了给其他男性留下印象，这些男性评估年轻的骑士是否合格，并认可他的贵族男性身份。男子气概的主要标准就是在战场中成功地展现暴力。中世纪的大学也是青年男子通过竞争获得男性身份的另一个领域。在那里，他们忙于智力的斗争，运用个人“智慧支配其他男人”。④男性气概还在入会仪式（initiation rituals）中得到确认，通过仪式男人们团结在一起，而女性被视为性对象。对大学生而言，男子气概与适度和理性联系在

① David Gilmore, *Manhood in the Making: Cultural Concepts of Masculinity*, New Haven: Yale University Press, 1990:17.

② Forth and Taithe, “Introduction”: 4.

③ Ruth Mazo Karras, *From Boys to Men: Formations of Masculinity in Late Medieval Europe*, Philadelphia: University of Pennsylvania Press, 2003: 11.

④ Ibid.: 67.

一起，这些特质不仅将他们和女性区分，也和野兽区分。

在城市的工匠作坊中，变成一个男人意味着“证明自己不再是一个男孩”。[①] 青年男子应当学习如何磨炼他的手艺，通过拥有一项技能并可以独立谋生证明自己不是女人或者儿童，因此展现他能够成为“一个脚踏实地的公民”。女性和中世纪不同类型的男性气概无关，但主要因为在那个时代，她们的服从被视为理所当然的。只有当她们在其他男性的心目中，以一种或另一种方式证实男性的优越地位，她们才会与男性气质的彰显有关。

60 亚历山大·谢泼德（Alexandra Shepard）对16世纪中叶到17世纪中叶近代早期英国男性身份的复杂分析，揭示了规训文学（prescriptive literature）和医学文本如何定义了标准的父权制男性气质，以及男人们参与男性身份社会实践的各种方式。在当时，男性身份经常指的是一种“社会地位”，意味着一种和特权联系在一起的身份。虽然男性身份以社会性别差异为基础，但男性身份的社会地位实际上和成人男性——生命周期的一个阶段——与成为已婚的一家之主联系在一起。因此，年龄、婚姻状态、不断上升的社会地位都是获得父权制男性身份以及相伴的特权的途径。获得男性身份的男人被认为拥有某种举止或者人格，使他们可以管理自己的激情，管理依附者和低等阶层的行为。男性身份也有其他特质，包括诚实、节俭、强壮和自信、节制、理性和智慧，这些特质在不同时期和不同环境中出现，也有不同的解释。重要的是，谢泼德认为，虽然父权制男性身份可能会在与女性的比较过程中定义，但并非所有男性都能拥有，而且“男性身份在男人之间最能引起共鸣并被理解”。[②]

不是所有男人都可以达到完全的经济独立。那些年轻的或者贫穷的男人，发现了另一种可以维护男性身份的方法。比如，青年男子“通过一

---

① Ruth Mazo Karras, *From Boys to Men: Formations of Masculinity in Late Medieval Europe*, Philadelphia: University of Pennsylvania Press, 2003: 109.

② Alexandra Shepard, *Meanings of Manhood in Early Modern England*, Oxford: Oxford University Press, 2003: 3.

些放纵的仪式，颠覆了基于节俭、秩序、自我控制的父权制男性身份概念”。[①]他们建立了自己的男性身份，“主要在同龄人之间，且通常与年长者相对”。[②]他们可能“夜间在外游荡”、酗酒、暴力或者盗窃，寻求不合法的性活动，庆祝“以挥霍、无常、暴力、虚张声势、纵情酒色为基础的与男性身份相反的准则”。[③]剑桥大学学生若有这些行为通常会被谴责，但当地官员却心照不宣地允许这些青年人展现男子气概，忽略他们的不端行为。工人阶级男性也会表现出其他形式的男子气概，比如在啤酒屋或酒馆里与其他男人建立友谊，更不用说大量饮酒就是这种气概的主要特征。

谢泼德花了相当大篇幅讨论暴力对男性身份的重要意义，她认为使 61
用暴力在父权制男性气概内部引发了矛盾。当暴力用于强化父权制规范时，也会被那些排除在权威之外的男性使用。这是男性训练下级、挑战权威或者捍卫声誉的主要方式。谢泼德的研究不仅展现了男性身份通常是通过与其他男性比较，并在其他男人的陪伴下界定和构建的，也提供了一个例子，展现其他形式的男性气概如何挑战支配性的男性气概，使其形成并不稳定。

该书第三章讨论了凯瑟琳·布朗的研究，在早年的弗吉尼亚英属殖民地，种族和性别的复杂依存关系影响了白人和奴隶女性。布朗也强调了这种支配性的、父权制男性身份在弗吉尼亚殖民地并不稳定。[④]谢泼德和布朗均指出，英国的父权制男性身份和以此为基础的政治权威，是以男性获得独立的一家之主身份为前提。但是殖民地的英国女性人口短缺，许多前往弗吉尼亚的男性殖民者不得不受雇于人，忍受长时间的劳役。边疆地区的已婚财产拥有者不断面临保护自己不受印第安人侵犯的压

---

① Alexandra Shepard, *Meanings of Manhood in Early Modern England*, Oxford: Oxford University Press, 2003: 96.

② Ibid.

③ Ibid.: 248.

④ Kathleen M. Brown, *Good Wives, Nasty Wenches and Anxious Patriarchs: Gender, Race and Power in Colonial Virginia*, Chapel Hill: University of North Carolina Press, 1996, esp.: 138-140.

力，因为他们占领了印第安人的土地。他们也厌恶殖民地富有的领导人，特别是殖民地总督威廉·伯克利（William Berkeley），伯克利被指责在政治上偏袒印第安人，在反对印第安人入侵的斗争中也没有支持他们。在殖民地某些历史最为悠久的郡县中，“心直口快的女性、宗教异见者、不守规矩的仆从和奴隶”挑战精英男性，威胁到男性的家庭和政治权威。①

这些不安的源头激化了领导权的危机，从而导致了1676年的重大叛乱。布朗认为，培根起义是一场“两种截然不同的男性气概文化”之间的冲突。②一边是精英种植园主，用男性荣耀表达他们的政治地位——这对
62 他们的男性身份和社会地位而言都很重要。另一边是小种植园主、没有权力的白人男性户主，试图通过枪杆子塑造他们的男性身份，为了捍卫自身和财产不受印第安人的威胁。他们也要求殖民地的领导阶层支持他们反对印第安人的努力，并宣称有权抵制他们受到的来自当局精英的不公对待。这些人的领导者就是纳撒尼尔·培根（Nathaniel Bacon），他的名字和叛乱联系在一起。仆从和奴隶也加入了叛乱，进一步动摇了从英国移植而来的父权秩序。

叛乱以培根的死和皇家专员的抵达告终，国王派遣专员调查这场冲突。在叛乱之后的几年，殖民地通过了一些法律，最终实现了政治和解。这一和解对新的跨阶层的英裔弗吉尼亚白人的男性气概产生了影响。新的男性气概被定义为既与非洲和北美土著男性气概相反，也与女性（气质）相反。这种男性气概复兴了父权制的社会形态，加强了普通男性的家庭权威，帮助塑造了精英男性“真正的英裔弗吉尼亚人身份”。③

布朗在书的结论中指出，在18世纪上半叶的弗吉尼亚，精英种植园主的地位比起17世纪的种植园主更稳固。但重要的是她坚持认为，这些人仍然对他们社会地位的合法性与稳定性感到不安。对殖民地绅士而

---

① Kathleen M. Brown, *Good Wives, Nasty Wenches and Anxious Patriarchs: Gender, Race and Power in Colonial Virginia*, Chapel Hill: University of North Carolina Press, 1996, esp.: 139.

② Ibid.: 140.

③ Ibid.:185.

言,“权威”是一个“微妙的工程”(delicate project),特别是他们在家庭中的权威不断受到挑战。奴隶逃跑,子女反叛,妻子违抗丈夫的意愿。以家庭安宁的理想为基础,一个有序的上流弗吉尼亚社会从没有稳固过,尤其是这个社会建立在奴隶制暴力之上。正如我们从谢泼德的分析中了解到的,暴力及其引发的反应有瓦解父权制权威的潜力,也让种植园主面对一个现实,即布朗指出的:“他们拥有的大多数权威,取决于他们造成痛苦的能力。”①

安妮·隆巴德(Anne Lombard)的研究探寻了在17世纪末和整个18世纪的新英格兰殖民地中,“成长的男性”(grow up male)意味着什么。清教徒中的“中等人”(middling people),例如店主和工匠,在16世纪中叶移居马萨诸塞湾殖民地。在英国母国,像他们这样的人的男性身份,在这一时期意味着经济独立。拥有财产或自主经营是独立的前提,或者拥有殖民地称之为“充裕的收入”(competence)。隆巴德认为,男性的特质必须靠自己努力取得,拥有男性身份建立在一种基础之上——一个男人展现出他所获得的“理性、自我控制以及掌控男性自身的激情、欲望和本能”。②男性身份的定义中有部分内容与女性气质相反,但是更重要的是也与少年身份或从属关系相对。有些人是独立的为家庭负责的一家之主,他们更可能被视为具有男性气概的人。

清教习俗对殖民地居民而言是绝对的中心。它宣传一种等级社会,父亲统治一切,因为他们被认为能够理性地管理家庭和政治组织,控制“依附的女性、青少年、儿童、仆从和非洲奴隶等激情的、不受控制的、感性的大多数人”。③清教徒认为男孩必须避免依赖母亲,不能沉溺于幼稚的情感,因此父亲必须在养育他们儿子的过程中扮演积极角色,训练他们

---

① Kathleen M. Brown, *Good Wives, Nasty Wenches and Anxious Patriarchs: Gender, Race and Power in Colonial Virginia*, Chapel Hill: University of North Carolina Press, 1996, esp.: 366.

② Anne S. Lombard, *Making Manhood. Growing Up Male in Colonial New England*, Cambridge, MA: Harvard University Press, 2003: 9.

③ Ibid.: 12.

最终取得独立男人的社会地位。少年时期的伙伴关系或浪漫爱情都是值得怀疑的，只有通过学习“克己自制、理性、控制激情”，一个少年才能逐渐获得成为男人所必需的品质。①

在近代早期的英格兰和弗吉尼亚殖民地，尽管在男性身份的定义中强调自律和自控，身体力量和暴力也和17、18世纪新英格兰殖民地的男性身份联系在一起。父亲可以用暴力管教子女、妻子、青少年，并对抗那些威胁他们财产的其他男人。但是隆巴德对法院判例的研究指出，暴力的模式从18世纪初到18世纪中叶不断变化。有关财产的暴力冲突在数量上有所下降，但是“绅士”和劳动者之间的打斗事件数量增多。酒馆附近的打斗事件急剧增长。此外，青年人的破坏行为也有所增长，其中不乏
64 攻击成年户主的行为。清教徒男性身份以理性的自我控制和父权制权威为基础，诉诸暴力以维持身份或威胁男性荣誉则动摇了这种根基。

上文讨论的对近代早期英裔美国男性身份的研究指出，男性之间暴力的对抗，特别是家长对服从者使用暴力，使父权制男性身份陷入矛盾之中。正如罗伯特·奈（Robert Nye）的研究所展示的，包括同等社会地位男性之间的决斗等暴力对抗，是法国人长期以来业已接受的解决争议的手段。奈认为这是贵族战士价值观塑造的中世纪荣耀准则的一部分，持续了整个19世纪，并且被中产阶级男性采用，即便此时男性身份的定义已有显著变化。他认为，这种荣耀准则控制着职业生涯、体育运动和政治领域中男人之间的关系。决斗是一种严格遵守规则的有序方式，通过这种方式男性可以公开捍卫自己的荣耀，解决男人之间爆发的争端。通过参加决斗，男性公开地展现了他身体的英勇行为和勇气，这对需要不断被重新认可的男人荣誉而言是必不可少的。颇具讽刺意义的是，曾经和贵族身份相关的决斗，“有助于促进平等，因为没有男人愿意冒着个人耻辱

---

① Anne S. Lombard, *Making Manhood. Growing Up Male in Colonial New England*, Cambridge, MA: Harvard University Press, 2003: 72.

和受公众奚落的危险，拒绝与一个正当的对手交锋”。[1]

荣誉的第二个来源与男性的异性恋行为相关。奈专门研究了多种多样的医学和政治话语。这些话语从不同角度展现了男性的身份根植于男性身体的性活动。男性的性能力与性实践，都是公众持续关注的议题。例如奈认为，对 19 世纪法国中产阶级男性而言，“一个男人的荣誉此刻深深地根植于他的性活动之中”。[2]他指出，因为耻辱被认为与性功能障碍相关，男人不得不维护他的荣誉。因此，决斗是中产阶级男性身份的主要试验场，但也是这样一种场合：在其中“男人在最能明确地维护自己荣誉的同时，又处于让自己蒙羞的极大危险之中”。[3]

奈探讨了与男性身体相关的科学话语，他指出，从 19 世纪最后几十 65
年一直到第一次世界大战，对男性性活力的焦虑不断增强。这种焦虑与普法战争之后的一系列其他事情息息相关，包括生育率的下降、对民族衰落的恐惧、对性堕落的恐惧。奈考察的医学文本表明，女性的性欲望被视为理所当然，而男性的性欲望被视为是有问题的。男性身体的性健康不佳，尤其是由于追求知识而受到损害，人们相信这是法国民族活力衰退的主要原因。19 世纪末的法国见证了一些学者所称的“男性气概的危机”。

克里斯托弗·福思（Christopher E. Forth）研究了这个主题。他关注的是德雷富斯事件（Dreyfus Affair）——19 世纪末 20 世纪初一起引起法国社会关注的政治丑闻。阿尔弗雷德·德雷富斯（Alfred Dreyfus）是一位犹太裔陆军上尉，在 1894 年被诬告向德国泄漏军事机密，并被判叛国罪。德雷富斯受到了公众谴责和羞辱。他提出抗议，认为自己是无辜的，但在 1899 年的复审中，军方官员和法国情报部门掩盖了另有人犯下此罪行的证据，这一点激怒了德雷福斯的支持者。在相互指责的争论中，他的支持

[1] Robert A. Nye, *Masculinity and Male Codes of Honor in Modern France*, Oxford: Oxford University Press, 1993: 167.

[2] Ibid.: 71.

[3] Ibid.: 13.

者和批评者都调用了男性身份的形象。福思认为,他们的共同点是共享对法国男性气质的焦虑。岌岌可危的是两种版本的男性气质:一种是与行动和冒险联系在一起的传统的精英群体的男性气质;另一种与那些用脑力劳动而不是体力劳动谋生计的知识分子有关。反犹主义是这个事件的关键因素。部分原因是有一种长久以来的观念——犹太人是懦弱胆小的、书呆子气的,且缺乏阳刚之气。随后有关德雷富斯的争论一直持续到他 1906 年被判无罪。在争论中,确信他有罪的人虽然谴责反犹主义,但仍集中批判他的懦弱与缺乏荣誉感。而德雷富斯的辩护者则声称,他们毫无疑问具有男子气概,因为他们勇敢地要求真相。支持者攻击德雷富斯的批评者,认为他们太软弱,不能控制自己——言下之意批评者才是缺
66 乏阳刚之气的。犹太男子们支持德雷富斯是无辜的,反对审判不公导致德雷富斯被囚禁和流放,这些人"坚持认为他们具有爱国精神和尚武勇气,淡化了他们书呆子和身体孱弱的名声"。[①]他们把自己和古代希伯来战士联系在一起,以此庆祝男性气概中的尚武观念。渐渐地,在 19 世纪 90 年代,一种肌肉强健的男性气概观念在法国成为主流,削弱了德雷富斯支持者所强调的知识分子的男性气概。真正的男性气概"是通过需要力量的行动来证明的,而非简单地声称身体精力旺盛"。[②]福思认为,与身体健康和锻炼相关的力量文化影响了参加第一次世界大战的那一代人。因此,某些人认为的法国的"男性气概危机"最终得以解决,至少一度解决,一种好斗的强健的男性气质准则成为闻名的理想典型。

福思在其书的结语中指出,德雷富斯事件中所展现的"法国男性身份的危机"也同时出现在西方世界的其他地区。就像安格斯·麦克拉伦(Angus McLaren)展现的,在整个欧洲和北美,对男性身份本质的焦虑在蔓延,19、20 世纪之交的男性身份"受到围攻",男子气概"经历了一个毁

① Christopher E. Forth, *The Dreyfus Affair and the Crisis of French Manhood*, Baltimore and London: Johns Hopkins University Press, 2004: 62.

② Ibid.: 171.

灭与重建的时期”。[1]当时社会的诸多弊病都归咎于男子气概的衰落：生育率下降，一些英国工人阶级城市青年身体羸弱、入伍遭拒，工业实力衰退，劳工动乱，青少年犯罪等等。在美国，医生发现了一种新的疾病——“神经衰弱”（neurasthenia），让职业男士和男性商人面临饱受病痛折磨的威胁，因为他们从事的是智力劳动而非体力劳动。美国和其他地区的医生及一些人变得越来越关注同性恋，他们视同性恋为一种危险的疾病和退化的特性。在各个国家的科学家、医生、法官和新闻记者的强调下，肌肉发达的、好斗的、精力充沛的异性恋男人成为主流的男性气概典范。

在美国，就像盖尔·贝德曼（Gail Bederman）指出的，这一时期的中
产阶级男性变得“异乎寻常地痴迷于”男性身份。她认为这种现象的原 67
因是男性面临着种种挑战，这些挑战影响了他们对成为男人意味着什么的理解。19 世纪的男子气概强调自我控制、道德力量和强大的意志力。力量被认为源于自我约束和激情控制。经济独立、成为一家之主是主要目标。愈加严重的经济不安全、不断减少的自主经营机会和越来越窄的职业前景，成为男性能够达到这种理想状况的威胁。男人们也感受到来自其他方面的威胁：中产阶级女性运动挑战了男性在政治和职业领域的垄断；消费主义的增长和新的休闲爱好，用强调享受与娱乐的风气考验克己自制和艰苦劳作的风气；劳工动乱和移民动摇了中产阶级男性的地位感（sense of place）。作为回应，他们改变了理想的男性身份观念，从那种“19 世纪的男性气质”转变为“新的男性气概”。贝德曼认为，不同的男人用多种方法试图重建男性身份，包括加入兄弟会、举办强健体格类型的竞技体育运动、推广类似童子军的（男性）组织。在应对可感知的身份威胁的过程中，通过这些多样的行动，社会对美国白人中产阶级男性身份特质的理解发生了变化，从 19 世纪的男性气质变为新的男性气概，包括好斗、身体力量和“阳刚的”异性恋行为等特点。

---

[1] Angus McLaren, *The Trials of Masculinity: Policing Sexual Boundaries, 1870-1930*, Chicago: University of Chicago Press, 1997: 35.

对重塑美国男性身份至关重要的是文明的观念以及文明与种族的关系。文明被理解为是一个社会演化的阶段，让白人男性的支配地位合法化，并提供解释原因。这种文明的话语是流动的，可以被用于证明多种权力的诉求，但主要是白人中产阶级男性以及更为精英的男性，使用文明话语让他们的统治合法化。与此同时，他们也把自身与一种更“原始的气质”相联系，以赞美他们的男性雄风。西奥多·罗斯福就是这种理想型
68 男性的代表，他集中了两种趋势。“结合了19世纪的和新的男性气概、文明与野蛮，罗斯福成为了美国人新型男性身份的代言人……通过这种新型男性身份，罗斯福不仅为自己求取了个人权力，也为美国白人种族求取了集体的帝国主义男性身份。”[①]

美国人在19、20世纪之交对男性身份的迷恋是一场“危机”么？贝德曼认为“不是”。相反，她所说的“性别的意识形态”始终处于竞争之中，为自相矛盾所困扰，因此是不稳定的。迈克尔·基梅尔（Michael Kimmel）也持类似观点，认为男性气概是“未决的——从不能完全展现，一直受到质疑。男性气概需要不断被确认，有着坚持不懈的追求”。[②]女性主义学者琳内·西格尔（Lynne Segal）认为“男性气概总是处于危机四伏之中”。[③]这可能是因为男性和他们被认为应具有的（与女性相反的）特质，与权力、社会、经济和政治变化密切相关，这些变化被认为可以动摇权力关系，引发了社会对男性身份特质的广泛关注。但反讽的是，因为权力或统治从来不是绝对的，所以男性身份的含义和观念本就是不稳定的。但只有在特定的历史时刻，这种不稳定才会浮现，从而产生重大的历史影响。

正如埃米·格林伯格（Amy Greenberg）的研究所表明的，19世纪中

---

① Bederman, *Manliness and Civilization*: 44.

② Michael S. Kimmel, "After Fifteen Years: The Impact of the Sociology of Masculinity on the Masculinity of Sociology," in Jeff Hearn and David Morgan, eds, *Men, Masculinities and Social Theory*, London: Unwin Hyman, 1990: 100.

③ Lynne Segal, *Slow Motion: Changing Masculinities, Changing Men*, 3rd revised edition, Basingstoke, Palgrave, 2007: xxiv.

叶的美国就在经历这样一个时代。经济转型让男人的生计与职业机会不如以往那般确定。女性选举权运动挑战了性别的政治秩序。“从19世纪30年代到1859年,对男性而言,他们的工作、家庭生活、社会交往的经历,甚至公民身份都发生了巨大的转变。”[①]这些令人不安的变化导致了“尚武的”和“克制的”理想男性气质争夺文化支配地位或文化霸权。那些赞成“克制的男性气质”价值观的人,认为男性气质基于“道德的正直、可靠和勇敢”。[②]他们把家庭和家人置于生活的中心,支持女性专注家庭生活,鄙视崇尚暴力的体育运动和酗酒。相反,尚武的男性气质重视力量、身体的攻击性以及支配女性和其他男性的能力。这些不同的男性气概打破了阶级区分,所有支持这些观念的人都相信美国的“天定命运”(Manifest Destiny),尽管他们在承担何种命运这一问题上意见差别很大。 69
“天定命运”一词在1845年出现,指的是美国人征服西部,向外扩张(例如美国在美墨战争中胜出,从而获得了从得克萨斯到加利福尼亚的西南部土地),更广泛的含义是指美国全球影响力的最终崛起。那些支持尚武男性气概的美国男女,支持美国用武力拓宽疆土。那些赞成克制男性气质的人,认为美国的天定命运应当通过贸易和商业达成,通过劝服和传播他们眼中高级的社会、政治和宗教形式,而不是侵略性的领土扩张。格林伯格使用了多样的文献,包括信件、报刊、旅行记录和日记,展现了围绕“天定命运”的争论是关于性别含义的争论,尚武的男性既支持也参与了侵略活动(filibustering)——前往外国(包括古巴、尼加拉瓜和墨西哥)唆使和煽动叛乱。加入这些不成功冒险的许多男子,在国内经济失败,但他们的功绩和他们口中可以证明自身的事业,受到那些同样相信美国尚武男性气质必胜的人称赞。在19世纪50年代,侵略扩张主义和尚武男性气质的理想支配了美国在世界中扮演何种角色的争论。格林伯格认为这

---

① Amy S. Greenberg, *Manifest Manhood and the Antebellum American Empire*, Cambridge: Cambridge University Press, 2005: 8.

② Ibid.: 12.

种性别文化“鼓励了北方人和南方人诉诸暴力解决个人与国家问题的途径”,并且“促使地区的分歧向内战转变”。[①]

虽然根据格林伯格的研究,克制的男性气概变成内战(于 1865 年结束)后美国人更偏爱的男性理想气质,但我们从上文盖尔·贝德曼的研究了解到,19、20 世纪之交,主要影响中产阶级和上层社会男性的一系列
70 政治、社会、经济变化再次引发了人们对男性身份的焦虑。克里斯廷·L. 霍根森(Kristin L. Hoganson)认为,这些男子尤其“害怕男性气质的衰败不仅将损害他们维持阶层、种族和民族特权的能力,也会损害他们高于女性的社会地位”,特别是考虑到女性选举权运动的性别政治和当时为人所知的“自信新女性”(assertive New Women)的兴起,这些女性“嘲笑女性气质的顺从理念”。[②]基于对美国外交政策相关的公共话语的考察,以及对引发美西战争、美菲战争的社会争论的考察,霍根森令人信服地指出,这些有关男性气质的焦虑“培育了一种军事挑战的欲望,有助于推动国家走向战争”。[③]在参与争论的人中,持好战态度的人在当时被称为“侵略主义者”(jingoes),他们使用性别意象描述古巴在西班牙人手中的命运,并认为介入古巴反抗西班牙的独立斗争将会给美国男人一个承担他们男性责任的良机,从而“增强美国的骑士精神和荣誉感”。在是否再次与西班牙开战的争论中,这一次是关于菲律宾人,帝国主义者把自己描绘为“英勇的年轻人”,把反帝国主义人士描绘为“吹毛求疵的老妇人”。争论中的反对者也试图展现自己拥有男性气概,但是强调他们“所谓的成熟、自我克制,以及与建国之父们的相似性”。[④]他们认为好战人士将会“颠覆男性的言论自由”,把美国男人变成“懦夫公民”。[⑤]因此,并非所有

---

① Amy S. Greenberg, *Manifest Manhood and the Antebellum American Empire*, Cambridge: Cambridge University Press,2005: 272,273.

② Kristin L. Hoganson, *Fighting for American Manhood: How Gender Politics Provoked the Spanish-American and Philippine-American Wars*, New Haven: Yale University Press,1998: 201.

③ Ibid.: 14.

④ Ibid.: 202.

⑤ Ibid.: 96.

男性都支持好战立场。但是，所有参与争论的人都要求某种形式的男性气质，为了他们立场的优点辩论。霍根森并没有认为男性气质的观念引发了这些战争。相反，她的研究支持了一种观点：因为社会、政治、经济因素的汇集引发了19世纪末美国社会对男性气质的焦虑，这些焦虑催生了发生在当时的有关战争和帝国的争论，在争论中此类担忧也表现得特别明显。

或许，没有什么可以比在印度的英国殖民主义政治更能明显体现男性气概与权力关系的相互联系。姆里纳利尼·辛哈（Mrinalini Sinha）对英属印度的“统治实践”的重要分析，揭示了“阳刚的英国男士”和“柔弱的孟加拉人”的刻板形象是如何形成的，此类形象也成为19世纪末殖民统治者和本土精英相互斗争的话语基础。[1]她认为殖民地男性气概的观念是在一种她称之为“帝国社会形态”（imperial social formation）中发展成形的，包括英国和印度。19世纪末，因为感受到来自女性主义的威胁 71
以及经济和政治动荡的汇集，宗主国（英国）社会出现了对男性气质的焦虑；在印度，孟加拉精英男性要求更多地与“英国殖民地精英共享专属特权”，这种要求及其引发的担忧导致了社会对男性气概的焦虑。而“阳刚的英国男人”这一形象正是兴起于这样的背景之下。[2] 辛哈指出，在1883年和1884年，一项允许印度男性在殖民地法庭审判英国男性的法案出现了。英裔印度人的媒体调用了“柔弱的印度先生”（effeminate Babu）的形象，此类人被认为不适合承担如此男性化的责任。因此，种族差异取代了性别差异，成为英裔印度人试图重申他们帝国利益的基础。有趣的是，英裔印度女性主动加入了反对提案的活动，让一些英裔印度男性担心女性的政治参与将会动摇英裔印度人社会的性别秩序。英裔印度男性反对提案，不仅仅是把“印度本土公民不胜任、女性也不胜任”承担责任重大的

---

[1] Mrinalini Sinha, *Colonial Masculinity. The "Manly Englishman" and the "Effeminate Bengali" in the Late Nineteenth Century*, Manchester: Manchester University Press, 1995.

[2] Kristin L. Hoganson, *Fighting for American Manhood: How Gender Politics Provoked the Spanish-American and Philippine-American Wars*, New Haven: Yale University Press, 1998: 4.

公共职位联系起来。他们也宣称，本土男性天性胆小，既缺乏“阳刚体格”又缺少“男性特征”，因此“不适合对‘阳刚的英国男士’甚至对印度本土其他具有男性气概的种族行使权力”。[①]

一些男人比其他男性更适合做士兵，因为他们更“好战”，虽然这种观念以各种形式已经存在了一段时间，但希瑟·斯特里茨（Heather Streets）的研究认为，1857年的印度叛乱才是构建尚武种族观念的关键事件。[②]这场叛乱被诬陷为“毫无男子气概的印度懦夫”对英国女性和儿童的一次攻击。捍卫英国统治的军队则与相反的特质联系在一起。根据他们在叛乱中的行为，旁遮普邦的锡克人（Sikhs）、苏格兰的高地人（Highlander）、尼泊尔的廓尔喀人（Gurkhas）被建构为“凶悍的、英勇的、光荣的和无畏的人”。随后几年，英国军官视这些人为军人男性气概的典范，因为他们“感受到来自各方的挑战，包括俄国向印度西北边境地区扩张、德
72 国的军国主义、英国的征兵困难以及印度和爱尔兰的民族主义”。[③] 当俄国扩张和德国军事主义被认为是对英帝国男性身份的外部威胁之时，反对印度允许性交易的女性主义运动、印度和爱尔兰民族主义的高涨，都被当作是来自帝国内部的挑战。斯特里茨认为，尚武种族的男性气概话语是一种“支配和统治的策略，使用种族和性别话语的力量和吸引力以达到政治目的”。[④]在1878年到1880年的第二次阿富汗（抗英）战争（Second Afghan War）期间，指挥官弗雷德里克·罗伯茨（Frederick Roberts）使用英国媒体宣传其军事功勋，转移批评之声，并描绘了军队在西北部前线面临的极端困难，因此需要高地人、锡克人和廓尔喀人的参与，他们被认为彰显了“身体的卓越、无限的勇敢和团结的精神以捍卫帝国”。[⑤]

---

① Mrinalini Sinha, *Colonial Masculinity. The "Manly Englishman" and the "Effeminate Bengali" in the Late Nineteenth Century*, Manchester: Manchester University Press, 1995:41.

② Heather Streets, *Martial Races: The Military, Race, and Masculinity in British Imperial Culture, 1857-1914*, Manchester: Manchester University Press, 2004.

③ Ibid.:11.

④ Ibid.: 157.

⑤ Ibid.: 133.

新闻中对军队胜利的报道和评论增进了一种观念：某些“种族”的男性是特别“阳刚的男人”。某种程度上因为罗伯茨的叙述，“高地人和南亚的‘尚武种族’最初在叛乱中打下的”名声和他们在阿富汗（抗英）战争中再次成名联系在一起，变成英国流行文化的一部分。[①]

斯特里茨认为，尚武种族的话语被“最初催生这种话语的焦虑所困扰，担心‘尚武种族’将来总有一日自身会退化堕落，或者担忧这些‘种族’是否事实上真的能勇敢面对欧洲敌人，这些焦虑迅速又悄然地出现在军队文件里，而尚武种族话语，也同样迅速地企图用其天衣无缝的自信叙事缓解此类焦虑”。[②]因此，即便那些被认为是“尚武种族”的男人或许是男性气概的典范，仍会受到文明有可能阉割他们的困扰——这是在 19 世纪末和 20 世纪初变得越来越强烈的一种恐惧。

斯特里茨对英国尚武种族观念的研究和盖尔·贝德曼对美国 20 世纪初的种族、男性气概与文明之间相互联系的分析，均指出这一时期“原始状态”（primitive）颇为矛盾的魅力。根据贝德曼的研究，在美国，白人男性通过声称他们具备“原始”男性的特质——肌肉发达、身体强壮、好斗精神，从而宣布他们优于非洲裔美国男性。1908 年，黑人职业拳手杰克·约翰逊（Jack Johnson）打败了白人拳手汤米·伯恩斯（Tommy Burns）获得重量级冠军。此后，美国的白人吵嚷着要求退役的白人前拳王吉姆·杰弗里斯（Jim Jeffries）再上拳台，夺回冠军头衔。杰弗里斯同意了，如他所说，“唯一的目的就是为了证明一个白人要比一个黑鬼更强”。[③]比赛于 1910 年在内华达州的里诺镇（Reno）举行，约翰逊在这场“血战”中大胜。正如贝德曼所写，“白人男性霸权的捍卫者们搬起石头砸了自己的脚”[④]。全国各地爆发了骚乱，白人们暴跳如雷，对庆祝约翰逊胜利的

① Heather Streets, *Martial Races: The Military, Race, and Masculinity in British Imperial Culture, 1857-1914*, Manchester: Manchester University Press, 2004: 139-140.

② Ibid.: 225.

③ 如 Bederman, *Manliness*: 2 所引。

④ 同上。

黑人倾泻满腔愤怒。几周后,美国国会通过了一项法案,禁止拳击电影。最终,国家调查局受命寻找可以破坏约翰逊名誉的证据,并成功取得证据。为了躲避牢狱之灾,约翰逊逃离了美国。

种族、男性身份和拳击赛也是世界其他地区的问题,正如帕特里克·麦克德维特(Patrick McDevitt)所示。[①]约翰逊最初在澳大利亚的悉尼赢得世界冠军,而他的对手汤米·伯恩斯是一个加拿大白人。这场拳赛引起了澳大利亚人的广泛关注,赛前的新闻报道至少在比赛六个月之前就开始了,主要关于白人和黑人男性气质的优缺点比较。成千上万的人为看拳赛购买了门票,或想要买到票。大约七千多人排队等待欣赏两天前较量的(记录)电影。[②]所以,英国和英联邦的公众急切期待杰弗里斯和约翰逊之战也就不足为奇了。

在拳击赛结束后,英国下院讨论了禁止拳击电影的议题,但并未采取行动,尽管在种族问题更不安分的南非,政府阻止了这场比赛电影的上映。当约翰逊被安排和受人喜爱的英国拳手比赛时,随之出现了禁止这场较量的社会运动。反对这场较量的势力来自多个方面,但是内政部里
74 的反对者最终占据上风。麦克德维特所引用的政府官方文件暗示,虽然其中一个目的是为了维护社会秩序,但主要是为了“避免黑人和白人职业拳手在帝国首都的拳击台上相遇”。[③]此事形成了一个先例,导致20世纪30年代的英国禁止白人和非白人拳手之间的重大比赛。麦克德维特认为,禁令背后的动机是,如果一个黑人赢得类似比赛,将会削弱“母国和海外的英国人优人一等的神话”。[④]禁令背后是一种担忧:理应让英国人在本土和海外优人一等的“文明”影响了英国男人,使他们退化(degenerating)。但在这一时期,拳击赛作为一种“展现肌肉发达的男性人体忍

---

① Patrick McDevitt, *May the Best Man Win: Sport, Masculinity, and Nationalism in Great Britain and the Empire, 1880-1935*, Basingstoke: Palgrave, 2004: 58-80.

② Ibid.: 71.

③ Ibid.: 78.

④ Ibid.: 79.

受着痛楚,在身体上支配其他男性"的活动变得越来越流行,如麦克德维特所言,这种流行以"白人男性对黑人男性和民族退化的恐惧"为基础。①

至此,本章关注了在男人之间相互关系的背景下,性别史学者对男性身份的观念或话语的分析。那么,男人们的家庭生活是怎样的?男人在他的寓所里和他的家人在一起时是什么样的?莉奥诺·达维多夫和凯瑟琳·霍尔的开创性研究,讨论了18世纪末至19世纪上半叶英国的性别与中产阶级的形成。《家庭境遇》(*Family Fortunes*)展现了婚姻与父亲身份在男性生活中的核心地位。在福音派教义的影响下,家庭生活对男人和女人而言,是道德与宗教生活的基础。家庭与住所是商业企业的基础,建立商业机构的目标就是为了家庭的生存和幸福。②男人从商业或者职业生涯中退休,尽可能早地致力于多种公民和宗教活动,特别是投身于家庭与园艺生活。作者们调查了大量的本地材料,揭示了男子密切参与了家庭生活,并对子女们的生活充满"关爱"。③他们的证据无疑表明,步入老年的叔叔伯伯、父亲和祖父们在家中或庭院里与许多子孙们一同玩耍,父亲们深切地关注子女们的健康问题。"父亲身份是一种责任和乐趣……是道德命运的一部分。"④

在《家庭境遇》的基础上,约翰·托什利用礼仪手册、私人日记和信 75
件,分析了维多利亚时期英格兰中产阶级男性的生活,探寻了在19世纪30年代到20世纪初这一时期,家庭生活对男性气概的重要意义。他所指的家庭生活不单是一种居住类型或一系列义务,而是"一种深深的依恋:是心理的状态,也是身体的适应"。⑤19世纪30年代到60年代,男性

① Patrick McDevitt, *May the Best Man Win: Sport, Masculinity, and Nationalism in Great Britain and the Empire, 1880-1935*, Basingstoke: Palgrave, 2004: 80

② Leonore Davidoff and Catherine Hall, *Family Fortunes: Men and Women of the English Middle Class, 1780-1850*, revised edition, London: Routledge, 2002: 227.

③ Ibid.: 329.

④ Ibid.: 335.

⑤ John Tosh, *A Man's Place: Masculinity and the Middle-Class Home in Victorian England*, New Haven and London: Yale University Press, 1999: 4.

的家庭生活被赞扬。这也是家庭和工作从根本上分离的年代,家庭被理想化,成为工作世界的庇护所。“通过让他们接触人类的节奏和人类的情感,家庭生活可以使驮马和计算器再次变回男人。”[①]但是托什也展现了困扰男性生活的内在矛盾,他们试图在家庭、社团义务和同性友谊之间保持时间上的平衡。此外,基于英雄主义和冒险的更为传统的男性气概观念与家庭生活并不完全相容。注重共同价值观、兴趣爱好和爱情的友爱婚姻理想与性别之间存在根本差异的观念相左,家庭生活本身也被这一矛盾所困扰。当时强调的母亲责任引发了一种关于如何将男孩养育成男人的紧张情绪,渐渐地男孩们被送去寄宿学校接受教育,远离女性化的家庭生活环境。这种紧张在19世纪六七十年代有所增长,男性参与家庭生活是否适当越发引起争论,特别是当兴起的女性主义威胁要篡夺男性权力的时候。到了世纪末,纯男性协会的吸引力不断增强,要求冒险的呼声也越来越大。“当社会号召英国男人为帝国开拓殖民地,在艰难时刻捍卫帝国安全之时,社会对家庭生活为主的男性气概的攻击不断增多。”[②]中产阶级男性开始推迟婚姻,一些人保持单身。托什认为,这是一种“对家庭生活的逃离”。[③]他考察了家庭的历史和公共话语中的婚姻,展示了“在男性家庭生活中一直存在的内在矛盾,到世纪末变得公开化了”。[④]

76 托什关于“逃离家庭生活”的论点变得极有影响力,但也受到批判。基于他个人的和其他历史学者的研究,马丁·弗朗西斯(Martin Francis)认为,男性对家庭生活的回应在整个19世纪和20世纪是复杂的。“男人们不断地来回穿梭于家庭生活的边界,要是只在想象的领域中就好了,他们被婚姻与父亲的责任所吸引,但也沉醉于精力充沛的生活、冒险英雄的

① John Tosh, *A Man's Place: Masculinity and the Middle-Class Home in Victorian England*, New Haven and London: Yale University Press, 1999: 6.

② Ibid.: 7.

③ Ibid.: 189.

④ Ibid.: 194.

同志友谊(*homoscoial camaraderie of the adventure hero*)等幻想。”①一个男人可能在一天的某些时候醉心于冒险故事,在另一些时候与自己的孩子玩耍和料理花园。弗朗西斯也批判了一种观点,这种观点认为人们因“一战”的破坏性和生命的逝去而震惊,导致了男性气概再次回归家庭。相反,他认为,男性仍然在外出冒险的幻想和家庭生活中徘徊。他的研究详细地考察了第二次世界大战中英国皇家空军(RAF)飞行员和轰炸部队成员使用第一人称的记述和他们所写的小说,弗朗西斯揭示了男性家庭生活世界的重要性,特别是那些家庭离他们驻扎的空军基地很近的男人。他也展示了爱情和对婚姻的期待对英国皇家空军飞行员的重要性,他们期待一个战后的未来,“牺牲的奖励是物质安全(material security),在其中,浪漫的爱情和友谊将欣欣向荣”。②

戴维·B.马歇尔(David B. Marshall)继续了弗朗西斯对“逃离家庭生活”观点的批判。他考察了加拿大长老会牧师查尔斯·W.戈登(Charles W. Gordon)的生活,探寻了戈登与其他加拿大男人在19世纪80年代到20世纪30年代间,如何在日常生活中回应男性气概的主流文化准则。有趣的是,马歇尔发现,像查尔斯·戈登这样的男人的确寻求逃离住所和城市生活的压力。当其他一些男人可能在加拿大荒野进行冒险之时,戈登和家人来到荒野中的小屋,专门花时间陪伴他的儿子。他认为举家回归自然有助于促进儿子成长为独立的男人。戈登以提倡“帝国主义、崇尚运动和军事主义”思想而闻名,或者马歇尔称之为“帝国强健的基督教精神”。③ 在夏日家庭小屋的背景下,他实践并传递给子女一种“强健的基督教精神”。马歇尔因此总结,这种逃到荒野的行为非但不是

---

① Martin Francis, “The Domestication of the Male? Recent Research on Nineteenth- and Twentieth-Century British Masculinity,” *The Historical Journal* 45 (2002): 641.

② Martin Francis, *The Flyer: British Culture and the Royal Air Force, 1939-1945*, Oxford: Oxford University Press, 2008: 84.

③ David B. Marshall, “ ‘A Canoe, and a Tent and God's Great Out-of-Doors’: Muscular Christianity and the Flight from Domesticity, 1880s-1930s,” in Heather E. Ellis and Jessica M. Meyer, eds, *Masculinity and the Other: Historical Perspectives*, Newcastle: Cambridge Scholars, 2009: 25-39.

逃离家庭生活，反而是家庭生活的延伸。

弗朗西斯关注的是男人如何在可能矛盾的多种男性气概之间度过自己的生活。这引发人们对历史学家分析和讨论历史问题时运用的证据和理论方法提出质疑。性别史学者关于男性气概的大量研究集中在男性气概的准则和观念。在前文中，我们了解到男性身份的意识形态是不断变化的，同时，在一个既定时间的具体社会当中，男性气概的多种霸权形式总是处于竞争之中。关注这些问题的历史研究总是在处理标准、理想、政治话语和文化传统。

近年来一些历史学者挑战了这种方法。他们并不关心男性身份的社会与文化构建，而是关注男性的主体性(subjectivities)。例如迈克尔·罗珀(Michael Roper)认为，“一战”时，母亲与战场上儿子的来往通信为壕沟战对参与者的情感影响以及家庭关系对士兵的重要性提供了证据。[1]比如，他分析了团级军官与他们母亲的通信，关注男性的心理状态，他们“在早年以母亲为中心的生活和与学校、军营相关的男性气概准则之间转变”。[2]戴维·马歇尔这样的历史学家吸收了罗珀的分析。马歇尔的历史分析主要以传记的形式呈现。

小　结

这一章试图向读者介绍，性别史学者如何研究男性身份(气质)的问题。本章展现了三种研究方法。一种是关注文化准则，展现了男性在不同时期的生活过程中如何成为男人。我们可以从这一路径的研究中了解到，对中世纪和早期近代的男子而言，要成为一个有男子气概的男人或

① Michael Roper, "Maternal Relations: Moral Manliness and Emotional Survival in Letters Home during the First World War," in Stefan Dudink, Karen Hagemann, and John Tosh, eds, *Masculinities in Politics and War: Gendering Modern History*, Manchester: Manchester University Press, 2004: 295-316.

② Ibid.: 311.

者要获得男性身份的地位，他们必须在与其他男人的竞争中考验自己的男性气质，或者必须通过结婚并成为一家之主来获得男性身份的地位。我们已经了解到，社会上存在着相互竞争的男性气概的准则，不同类型的男人都可能声称自己最具男性气概，有时引发了公开的冲突，就像弗吉尼亚殖民地的培根叛乱。我们见到了男性之间的暴力以及男性对子女、妻子和奴隶使用这种暴力如何瓦解了父权制男性气概，并推测男性身份（以及男性）和权力的联系可能是某些人所指的“男性气概危机”的基础。

关注男性气概准则及表现的研究，阐释了这些准则如何在历史中变化，探寻了男性作为一种性别化的社会行动者的历史。但是正如姆里纳利尼·辛哈在她对殖民地男性气概的研究中指出的那样，另一种研究男性气概史或男性身份史的方法认为男性气概独立于男性身体。①这种方法让历史学家看到在特定的历史环境中，男性气概的含义是如何被用于创造或者争夺具体的权力关系。因此，辛哈对英属印度殖民地男性气概的分析展现了“阳刚的英国人”和“阴柔的孟加拉人”这类观念的起源，以及这些观念如何被用于殖民地统治的政治之中。她的方法类似克里斯廷·霍根森的研究。霍根森研究了男性气概的政治，这种政治出现在世纪之交引起美西战争和美菲战争的辩论中。霍根森认为，辩论的参与者（大多可能是男性）在修辞上使用了不同版本的男性气质，因为多种因素的汇集导致男性气概的意识形态尤其与美国外交相关。

这一章在主要关注男性气概或者男性气质的文化构建之时，也简要 79
地展现了第三种研究男性气概的方法——有人提出了男性历史行动者的情感生活问题，以及文化构建的男性气概如何在生活中展现。这一方法让男性气概回归男性身体，并关注其自身性别的主体性，这个问题我们会

① Mrinalini Sinha, “Giving Masculinity a History: Some Contributions from the Historiography of Colonial India,” in Leonore Davidoff, Keith McClelland, and Eleni Varikas, eds, *Gender and History: Retrospect and Prospect*. Oxford: Blackwell, 2000：特别是 35-37。

在本书最后一章再次探讨。但下一章将会探寻一些研究,这些研究阐明了性别如何成为历史学家重点关注的社会进程的重要因素之一,例如革命、战争和国家的形成。

第五章

性别与历史知识

在过去的25年左右的时间里，性别史学者向我们展现了性别与学者 80
们长期感兴趣的研究对象和主题密切关联的几种方式。此前的章节涵盖了这方面的一些研究。例如，我们了解到，在美国和加勒比海地区的奴隶制发展中，性别居于中心地位。我们也遇到许多例子，体现了殖民者和被殖民者之间关系的核心是性别和性存在。本章我们首先考察在16世纪和17世纪初的北美边境上，性别在英国殖民者、北美土著居民和法国人之间频繁的暴力斗争中扮演了何种角色。然后，我们将探寻女性主义史家所知晓的18世纪“革命时代”(Age of Revolutions)中的性别角色。接着，我们还要考查与政治转型相关的问题——“国族”(the nation)的概念、战争冲突中的性别以及政治公民权的问题。

安·利特尔(Ann Little)的研究关注一种普遍的假设：在1636年到1763年间的北美地区，英国人、法国人和土著居民共享的性别差异影响了他们相互之间常常充满暴力的冲突。她没有关注这些不同群体间的差异，而是认为这些群体各自社会中有关性别的假设，尤其是男性角色的假设都非常相似。她的研究表明“在近代早期的整个大西洋世界中，人们 81
普遍认为，把一个男人称为女人是一种侮辱。在北美殖民地，任何地区都不会认为，一个男人被称为女人是对他的称赞或者是不偏不倚地评论他的能力或价值”。[①]结果,土著人、英国人和法国人在相互之间力量与权威的竞争中都使用了性别话语。在这些竞争中,他们的奖品是农地或者猎场,性别差异与家庭差异是征服话语和意识形态的核心。虽然在土著人、法国人和英国人之间存在文化差异,并且每个群体都坚持认为这种差异是导致冲突的关键,但事实上争夺政治与军事的控制权凸显了他们赋予男性气概相似价值的重要意义,尤其是男性在战争与政治中的表现。17世纪初,英国殖民者与新英格兰南部地区的土著居民相遇之时,土著人和英国人都认为政治和战争是男性的事务。实际上,土著人、法国人、英国人三个群体都使用“同样的性别化的权力语言”,并且认识到“在17—18世纪的冲突中,不仅是他们的主权(领地)或生存危如累卵,他们的男性气概更是岌岌可危”。[②]例如,利特尔展现了被土著人俘虏的英国人被强迫穿上土著人的服装,这不仅是脱掉了他们的衣服,更是剥夺了他们的男子气概。同时,被俘的英国女子写下囚禁记述,用性别话语批评土著人家庭,包括“柔弱的男人、傲慢的女人、不受管教的小孩”。[③]英国人进一步使用性别话语让他们的法国对手蒙羞,把法国人、法国天主教与女性气质和腐化堕落联系在一起。总之,利特尔认为,从她研究开始的1636年到1763年英国人击败法国人,性别话语和仪式被用于证明战争、帝国的对抗,以及在北美边境地区的征服行为是正当性。

82 18世纪末的历史见证了革命运动在大西洋两岸反复出现,牵涉北美的殖民者,欧洲的荷兰人、比利时人和法国人,以及在法属加勒比海地区的奴隶。革命运动对男人和女人而言有着不同的结果。源自复杂的经济和政治决定因素,受到欧洲大陆和英国的启蒙运动中哲学争论的影响,这些重要年代的事件赋予女性和男性一种自由和平等的话语,可以许诺他们更为光明的未来。但在当时,对他们而言,直接的政治结果实际上有很

---

① Ann M. Little, *Abraham in Arms: War and Gender in Colonial New England*, Philadelphia: University of Pennsylvania Press, 2007: 3.

② Ibid.: 7.

③ Ibid.: 9.

大不同。

美国和法国的女性史学者揭示了各自国家的女性在政治巨变中扮演的角色。在美国革命中，许多女性作为家庭的一员跟随军队，提供家庭服务，但是她们的军事贡献未被认可。女性签署请愿书、加入抗议，她们作为消费者和纺纱人对抵制英国货物至关重要。诸如阿比盖尔·亚当斯(Abigail Adams)这样的知名女性，特别是撰写了反英和反效忠派戏剧的默茜·奥蒂斯·沃伦(Mercy Otis Warren)，公开支持独立运动。这些行动虽然对革命很重要，却不能使她们在这个革命创造的新国家中获得政治公民权。

正如我们在第四章讨论安妮·隆巴德对新英格兰殖民地男性成长的研究时所了解的，人们对男性气质的理解是和少年状态或依附关系相联系的。因此，在他的小册子《常识》中，托马斯·潘恩(Thomas Paine)描述了新的美国已经成熟，展现出"成年儿子自然的独立自主"。[1] "自由之子"(sons of liberty)推翻家长般的国王乔治三世，建立了新的国家，而这个国家的防卫和治理都是由新独立的男子和他们的弟兄所掌握。女性继续被视为依附者。然而她们的确在新国家中获得了特殊地位。作为"自由的女儿"(liberty's daughters)，她们为家庭和睦做出贡献，也因此对国家做出贡献，身为拥有美德的共和母亲，主要通过养育共和国之子来履行责任。在玛丽·贝丝·诺顿(Mary Beth Norton)的评价中，虽然新社会认可女性作为妻子和母亲的活动是有价值的，美国革命留给女性的遗产仍是模棱两可的。[2]女性在非常有限的意义上才算作公民——她们被排除在政治领域之外。

关于性别差异和男性气概特征、女性气概特征的观念塑造了一种形 83

---

① 转引自 Linda K. Kerber, "'History Can Do It No Justice': Women and the Reinterpretation of the American Revolution," in Ronald Hoffman and Peter J. Albert, eds, *Women in the Age of the American Revolution*, Charlottesville: University of Virginia Press, 1989: 3-42。

② Mary Beth Norton, *Liberty's Daughters: The Revolutionary Experience of American Women, 1750-1800*, Ithaca: Cornell University Press, 1996: 298-299.

象,政治行动者在反叛英王时调用了这种形象。露丝·布洛克(Ruth Bloch)认为,在革命运动的早期,英国是"母国"(mother country)这一家族式的隐喻发生转变。随着殖民地和英国的冲突加深,"帝国母亲迅速从温柔变成残忍",而国王被描绘成心狠的父亲。[①]专制权力的形象变成极度男性化的——残忍的。在这种背景下,"自由"的形象被刻画为一种脆弱的女性。但当抵抗变成叛乱,美国人的男性气概逐渐和青年男性的英雄主义联系在一起。"'男子气的'这个词本身变成了革命话语中公共美德的同义词",与"女子气质"表现为懒惰、享受和懦弱形成对比。[②]这些理解源自共和传统,强调英勇的军事美德和禁欲的自我克制。与之相反的是一种自由的柔弱女性概念,亟待保护。当时另一种哲学思想——自由主义在出现之时为全人类提供了一种"自然权利"的可能性,但并未言明其根本的预设观念是"全体"(universal)人类都是白人男性。全体的自然权利话语,最终被那些先前排除在政治公民权之外的群体所用,他们要求也被包含在内。但是在新国家建立之时,宪法甚至从未打算宣布选举权只属于男性,仅仅认为女性没有资格参与选举或担任公职。如同玛丽·瑞安指出的,因为她们"在政治人物的圈子之外,女性可以代表最纯洁高贵的国民美德:是自由女神和哥伦比亚的人格化——国家统一的象征"。[③]

美国革命的性别政治以及刚刚独立的共和国的创立在宗教异议领域
84 产生了回响。就像苏珊·贾斯特(Susan Juster)指出的那样。[④] 不满英国国王的抗议席卷了19世纪六七十年代的殖民地,最终引发了战争,而宗教似乎远离这些反抗,但与主流公理会教会斗争的福音人士提出了两场

① Ruth H. Bloch, "The Construction of Gender in a Republican World," in Jack P. Greene and J. R. Pole, eds, *A Companion to the American Revolution*, Oxford: Blackwell, 2000: 606.

② Ibid.: 607.

③ Mary P. Ryan, *Mysteries of Sex: Tracing Women and Men through American History*, Chapel Hill: University of North Carolina Press, 2006: 154.

④ Susan Juster, *Disorderly Women: Sexual Politics and Evangelicalism in Revolutionary New England*, Ithaca: Cornell University Press, 1994.

运动的相似之处。在此之前,17 世纪末和 18 世纪,虔诚的女性在初生的浸礼会社区里很活跃。就像贾斯特解释的,18 世纪 40 年代活跃的福音复兴人士相信所有人,包括男人和女人,都可以理解"属灵真理"(spiritual truth),重要的是让女性和男性一道参与集体统治。此外,和福音信仰相关的特征——情感与感性——当时都被认为是女性特质。但是在 18 世纪末,当浸礼会逐渐被承认是合法的新教主流教派而不是小宗派的时候,浸礼会群体试图摆脱其女性形象,采用更为男子气的形象。全部由男性组成的常设委员会被委派管理教会。牧师也参与革命政治,在他们的宗教集会上鼓励爱国主义,在大陆军中担任民兵牧师。就像独立战争带来的新国家,福音教会也呈现了一个更男性化的角色,"以更传统的男性—女性轴线(axis)重组福音运动的秩序,这与英美世界同时代的发展一致"。①贾斯特的观点和她搜集的支持此观点的证据比我们这里讲述的要复杂得多。但对我们的目标而言,重要的是理解在 18 世纪末的北美,性别如何塑造了话语的产生,如何塑造了政治动荡的结果,而这种影响也超越了政治领域,遍及新生的美利坚共和国。

当福音运动处于新英格兰殖民地宗教主流的边缘时,女性在福音运动初期扮演了积极和关键的角色,而她们在独立斗争中扮演的角色虽然重要,但相比之下仍是次要的。不过在法国,就像女性主义历史学者所记述的,巴黎女性是这个国家革命传奇的主角,特别是从 1789 年到 1793 年。

在英法旷日持久的战争和法国卷入美国革命后,王朝负债累累引发了经济危机,继而催生了政治动荡。1789 年,经济危机加重,抗议越来越多。巴黎女性参加了攻占巴士底狱的行动,夺取军火。当面包价格上涨的时候,她们主动向凡尔赛的王宫进军,坚持要求国王和王后回巴黎解决日益恶化的经济问题。在君主立宪时期,她们参与了游行和抗议,撰写请 85

① Susan Juster, *Disorderly Women: Sexual Politics and Evangelicalism in Revolutionary New England*, Ithaca: Cornell University Press, 1994:216.

愿书,其中一项请愿要求女性选举权和担任公职的资格。国民会议1791年宪法把选举权扩大至所有25岁以上、满足一定财产条件的男性,认为他们是“活跃公民”(active citizens)。相反,所有的女性被当作“不积极的公民”(passive citizens),禁止参与政治。1791年,作为对新宪法和拉斐特(LaFayette)的《人权和公民权利宣言》(*Declaration of the Rights of Men and the Citizen*)的回应,奥兰普·德古热(Olympe de Gouges)起草了《女性权利和女性公民宣言》(*Declaration of the Rights of Women and the Female Citizen*),提出一系列要求,包括给予私生子及他们的母亲合法保护、承认女性在政府中的角色、保证女性参政权和独立的女性国民会议。

推翻王朝之后,法兰西共和国于1792年建立。国王路易十六被审判、定罪,在1793年1月以叛国罪处决。九个月之后,玛丽·安托瓦妮特(Marie Antoinette)王后也被审判和处刑。女性都参与了这两起逮捕和处决。在1793年,激进的女性革命者建立了革命共和女性协会(Society of Revolutionary Republican Women)。通过告发那些她们认为的反革命人士,她们参与了恐怖时期镇压律法的执行。当穿过巴黎街头时,她们自豪地穿上革命的服装,提升了她们作为政治参与者的知名度。协会在建立六个月之后,被当时进行统治的国民公会(Convention)解散,并且后者禁止一切女性的社团和结社活动,尽管一些女性仍然积极地参与了后来的抗议活动。此外在1799年,拿破仑一世通过一场政变夺取政权,在他的统治时期女性权利甚至更受限制。

女性行动主义的历史、女性的要求,特别是女性被排除在政治之外的
86 事实,对理解法国大革命及其社会性别化的影响非常重要。但性别对革命的重要意义不仅如此。因此,有必要考察革命期间所调用的性别意象——这种意象体现在修辞上和视觉上。

在法国流通的小册子和卡通画中的语言和视觉形象,被革命者用于谴责玛丽·安托瓦妮特王后,这些形象中充斥着荒淫无度和性变态的内容,以证明处决的正当性。甚至在革命前,她就被指责花钱满足自己的性欲望,有通奸和不道德的性行为。在审判中,人们指控她从事反革命活动

并和其兄奥地利皇帝密谋，但最受谴责的是她被控与其子乱伦。林·亨特分析了社会流传的对玛丽·安托瓦妮特不利的话语和形象，认为对革命者而言，王后代表了一种“女性的威胁，并使男性气概和阳刚之气的共和观念变得女性化”。[1]她被描绘为美德国家的对立面。对革命者而言，她体现了更普遍的女性特征：她刻意伪装——她善于欺骗，非常狡猾，而革命者最重视的是坦荡。她是和“国家”（La Nation）形成鲜明对比的坏母亲，而国家被描绘为一个“强壮的有能力生育的母亲或者父亲”。[2]亨特认为，包括乱性、乱伦、毒害王位继承人、阴谋用服从她意志的人取代继承人等针对王后的指控，反映了那个时代对女性侵入公共领域的焦虑。这种焦虑在共和国刚刚建立之后就变得尤其明显，当时人们担心女性的激进行动会动摇性别秩序。这种对女性参与政治的恐惧导致国民公会禁止女性协会，明确了政治领域只允许男性团体占据。因此革命标语座右铭中的“自由”“平等”取决于第三个词——“（兄弟）情谊”（fraternity）的字面意义。

激进的雅各宾派革命者也使用性别影射，反对那些女性加入或者支持更为温和的革命群体——吉伦特派。雅各宾派嘲讽吉伦特派，认为吉 87
伦特派的牧师们是妻管严。雅各宾派指责积极参与政治的女子在性方面很放纵，行为像个荡妇，不比旧制度的贵族女性强多少。革命者通常专门批评女性对国家的不良影响，认为她们轻佻且善于伪装。甚至直接替女性权利发声的奥兰普·德古热，谈到旧制度的女性时如此评论她们：

> 所做的弊大于利。局促不安与虚伪掩饰是她们的天命……尤其是法国政府，在数个世纪里都依赖于女性的夜间（nocturnal）管理……大使职务、统帅、部长、主席、主教、枢机主教团；最终，任何可以体现男人愚蠢的事，不论是世俗的还是宗教的，都会服从于女性的

---

① Lynn Hunt, "The Many Bodies of Marie Antoinette: Political Pornography and the Problem of the Feminine in the French Revolution," in Gary Kates, ed., *The French Revolution: Recent Debates and New Controversies*, 2nd edition, New York: Routledge, 1998: 203.

② Ibid.: 206.

贪心和野心，以前这个性别让人既轻视又尊敬，自革命以来，变得既受人尊重又让人嘲笑。①

实际上德古热认为，在革命之前，女性可能会受人尊重，但是因为她们被排除在政治之外，相对于男性毫无权力，所以她们行事放荡、虚伪掩饰。但是自革命以来，她们变得值得尊重，尽管如此也仍被人嘲笑。然而反讽的是，德古热赞成女性应当作为平等的参与者包含在政治事务内，她却使用了同样的一些负面形象，这些形象曾被革命者用来反对政治活跃的女性。

英格兰的玛丽·沃斯通克拉夫特(Mary Wollstonecraft)反复思考了发生在法国的事件，于1792年出版了一份全面分析这些事件对女性的影响的小册子《为女性权利辩护》(*A Vindication of the Rights of Woman*)。如题所示，她认为女性能够为公共利益做贡献，但因为女性在接受教育和参与政治活动方面受到限制，因而无法展现她们的潜能。沃斯通克拉夫特认为，女性应被赋予政治权利，这样一来可以使她们变成道德高尚的母亲。但是和德古热一样，她也谴责贵族女性和她们的荒淫无度给女性带来坏名声。

如果女性负面的刻板形象在革命时期的法国如此盛行，那么为什么
88 又有许多女性视觉形象代表新法兰西共和国？程式化风格的女性形象代表自由、理性、智慧、胜利甚至力量。②如同美国的哥伦比亚女神，自由女神和其他以女性形象示人的特质，因为女性并不会被想象为政治参与者。换言之，她们被选中代表新共和国的美德，是因为她们远离了现实。在法国，女性从未被允许参与统治，所以女性形象将不会被误解为父权君主制，因此比喻性的女性形象所代表的政府形式不会让人困惑。

渐渐地，当女性被公开代表时，她们以一种母亲角色示人。亨特描述

---

① 转引自“Sunshine for Women，” http://www.pinn.net/-sunshine/book-sum/gouges.html。

② Lynn Hunt, *Family Romance of the French Revolution*, Berkeley: University of California Press, 1992: 82.

了孕妇游行，雅各宾派不断强调“家庭价值”。[1]但是，当真实女性在共和节日里扮演美德形象时，批评之声不绝于耳，使用女演员，特别是年轻女性在节日里扮演自由或者理性的形象时，会被谴责为不得体。

女性是否因为革命而完全处于不利地位？历史学家不断争论这个问题。显然，革命拒绝了一种观念：女性可以成为国家政治舞台的参与者。但是苏珊·德桑（Suzanne Desan）的研究认为，通过对女性和儿童有益的家庭法改革，革命挑战了旧制度的父权制。最重要的改革是允许离婚，子女之间强制平等继承。在 1792 年法律通过后，离婚率出现变化，在城镇里最高，在小的乡镇里较低。一般而言是女性提出离婚，主要为结束因遗弃或家暴而破裂的婚姻。在革命的话语中，德桑认为“夫妻之爱和家庭一体的自然纽带显得更重要，它是政治转型和社会凝聚力的想象来源”。[2]以诺曼底省为个案，她展现了女性和私生子们运用家庭的革命话语和新法律，要求更多的独立并控制财产。但是这些改革非常短命。 89
1795 年保守的国民公会废除了平等继承法和离婚法，以回应家庭生活自由化改革，为把更多限制性别的法令写进 1804 年拿破仑法典铺平了道路。因此，虽然在法国大革命时期的政治参与中，女性没有获得和男性同样的平等地位，但给予女性何种权利的争论却成为了女性挑战她们的社会地位的舞台，尽管是昙花一现。此外，在欧洲的荷兰共和国、比利时、意大利和德国的一些地区，女性政治权利的问题都引发了辩论。长远来看，普世的政治权利语言为女性权利提供了合理的依据。

但在当时，美国革命与法国革命的结果，加上发端于美法地区并席卷欧洲的政治动荡，比如荷兰共和国的例子，导致政治领域的男性化。当女性要么被污蔑为王朝弊病的象征，要么被想象为可能的共和母亲的时候，男性身份的概念对重塑政治公民身份而言至关重要。

---

① Lynn Hunt, *Family Romance of the French Revolution*, Berkeley: University of California Press, 1992: 154.

② Suzanne Desan, *The Family on Trial in Revolutionary France*, Berkeley: University of California Press, 2004: 90.

正如我们从前面的讨论中了解到的，女性气质和男性气概的含义及其与政治的联系，在革命时代既塑造他者也被他者重塑。“自然”或生理差异的正统观念不断增强，支持了性别与种族鲜明的社会分化。这种观念对18世纪末19世纪初现代西方社会的形成至关重要，虽然同样的革命激发了性别、种族和政治权利的相关争论，这些争论仍将贯穿20世纪大部分时间。

革命时代也有一些其他的长久影响。18世纪末的政治动荡催生了现代的“民族”(nation)观念以及与之紧密关联的“民族主义”(nationalism)，这一点非常重要。大多数学者都认为“民族”是一种被发明的范畴，源自革命时代，意味着一种统一的拥有独立主权的“群体”(people)。按本尼迪克特·安德森(Benedict Anderson)的话说，民族是“想象的共同体”。他们被想象成一种独一无二，由共同体成员所共有的语言、“历史”
90 或者设想的族裔起源绑定在一起的共同体。[①] 民族的“社会”这一观念之所以是想象的，是因为其社会成员相互并不认识，但却能够感到一种彼此共有的身份。民族主义是一种强大的意识形态，它提出主权国家的要求，也就是“政治和民族单元应当一致”。[②]

美国革命类似法国革命，都是推翻君主制建立共和国。但美国革命也是一场独立战争——这场战争让十三个英属殖民地与英国分离，成为独立的主权国家。我们已经了解了性别对两场革命运动的重要意义，以及性别意象对革命之后新国家的创建而言非常关键。此外，女性主义学者展现了当民族主义传遍欧洲并通过帝国主义席卷世界的其他地区时，性别对民族主义运动的重要意义。

我们也看到了法国革命的例子，在“认可性别差异制度化”的过程

① Benedict Anderson, *Imagined Communities: Reflections on the Origin and Spread of Nationalism*, revised edition, London: Verso, 1991.

② Ernest Gellner, *Nations and Nationalism*, Oxford: Blackwell, 1983: 6.

中，民族国家诞生了。[①]女性和男性被想象为“生来”便是不同类型的公民，拥有不同且不平等的权利。通过推翻国王，用兄弟会——自由之子取代他，美国革命与法国革命有意识地瓦解了先前的父权制政治秩序。这些革命颠覆了社会秩序，因此新政府的责任是重建秩序社会。重建的一种方法在历史上曾经发生过，就是通过重申性别差异，把家庭生活的特殊形式理想化，从而赋予共和母亲核心地位。

研究显示，性别化的家庭意象在民族想象共同体的建构过程中扮演了中心角色。民族国家（nation-state）居民对领土的称谓揭示了这一点。国家被视为“祖国母亲”（motherland）、“母国”（mother country）、“祖国（父亲）”（fatherland），在德国是“故乡”（*heimat*），意思是家或家乡。亲缘关系的语言把国家公民描述为女儿或者儿子。父亲、母亲和叔伯（uncles）在民族国家的故事和形象中都有出现。家庭的话语借予国家一种观念——它是一种“天然的”有机组织。就像家庭，联系其成员的纽带被认为是天生的——基于血缘或者根深蒂固的祖先历史。家庭形象赋予民族国家一种统一感，但这是一个基于性别、种族和阶级的等级制的统一体。它们让民族国家合理化，也让等级秩序的分类像家庭一样“自然”，而家庭中的性别与年龄的等级制被认为是“自然的形式”。例如在委内瑞拉，民族统一被比喻为父权制家庭，而女人的角色是家庭中的生育者和“民族之母”，在两个领域都被视为依附者。[②]但是正如姆里纳利尼·辛哈所强调的，伴随民族国家历史的家庭形式是一种特殊的形式——异性恋中产阶级核心家庭——一男一女间的婚姻和性别社会地位的特定规范被

① Anne McClintock, “ ‘No Longer in a Future Heaven’: Nationalism, Gender, and Race,” in Geoff Eley and Ronald Grigor Suny, eds, *Becoming National*, Oxford: Oxford University Press, 1996: 260.

② Julie Skurski, “The Ambiguities of Authenticity in Latin America: Dona Barbara and the Construction of National Identity,” in Geoff Eley and Ronald Grigor Suny, eds, *Becoming National*, Oxford: Oxford University Press, 1996: 371-402.

赋予特权。[1]

一些学者认为，在民族主义话语中，家庭比喻和女性形象引发了对民族国家的情感依恋。琼·兰德斯（Joan Landes）认为，在革命时期的法国，“家庭逐渐与亲密行为和情感生活的价值观联系起来，私人道德被视为健康国家和社会所必需的条件”。[2]此外，她认为用女性形象代表国家，可以激发起男性公民的爱与占有的激情，他们保护国家义不容辞。1795年颁布的宪法的前言部分，把男性的良好的公民身份同家庭生活和受人尊敬的行为联系在一起：“如果一个人不是个好儿子、好父亲、好兄弟、好朋友、好配偶，那么他就不是一个好公民。”[3]在19世纪末的伊朗，民族主义作家使用爱的意象（imagery of love），把先前与伊斯兰教信仰相关的情感转变为对民族家园（*vatan*）的神圣献身。他们使用一种曾经与男性同性情欲的古典诗歌相关的语言，把家园转变为一种爱的女性对象——“心爱之人”（the beloved）。“家园”也被塑造为母亲的形象，特别是在那些涉及捍卫伊朗荣誉与领土完整的文学作品中。正如阿夫萨尼赫·纳杰马巴迪指出的，“家园是母亲这种比喻，再次把子女对父母的责任转变为（男性）公民对家园母亲的责任”。[4]爱国主义话语中的为伊朗献身，既和女性爱人又和母亲角色相关，这些形象及其引发的情感推动了伊朗现代国家的形成。

92 对家庭生活的关注形成了一种“基本框架，埃及人通过这个框架想象、表达、争论诸如民族国家、与之相伴的忠诚与公民权等抽象概念，从

---

① 此处与下文的一些讨论参考 Mrinalini Sinha, *Gender and Nation*, Washington, DC: The American Historical Association, 2006。

② Joan B. Landes, *Visualizing the Nation: Gender, Representation, and Revolution in Eighteenth-Century France*, Ithaca: Cornell University Press, 2001: 136.

③ 转引自 Joan B. Landes, "Republican Citizenship and Heterosocial Desire: Concepts of Masculinity in Revolutionary France," in Stefan Dudink, Karen Hagemann, and John Tosh, eds, *Masculinities in Politics and War: Gendering Modern History*, Manchester: Manchester University Press, 2004: 97。

④ Asfenah Najmabadi, *Women with Mustaches and Men without Beards: Gender and Sexual Anxieties of Iranian Modernity*, Berkeley: University of California Press, 2005: 116.

19世纪初现代埃及民族国家诞生之初”,[1]一直到20世纪初。自1882年起,英国人在埃及像在非洲和印度其他地区一样,声称埃及人家庭生活的特质证明了他们的政治落后,从而证明英国占领是正当的。但很早之前,埃及精英的家庭生活与婚姻发生了变化,成为区分中产阶级埃及人与奥斯曼土耳其人的一种手段。土耳其人一直统治着埃及,直到埃及成为奥斯曼帝国的一个半自治的公国。自19世纪初起,教育改革让精英阶层的子女受到西方制度和意识形态的影响,包括那些与婚姻和母亲身份相关的观念。在英国占领前的二十年,埃及的中产阶级家庭生活已经发生了实质性的转变。[2]英国殖民话语中的家庭形象因此与一种家庭生活对“本土化的”(homegrown)政治国家的重要意义这一观念融合起来,虽然这受到欧洲人关于现代性的观念的影响。到了20世纪初,家庭领域重要性的讨论体现在“性别化的、女性化的‘埃及母亲’(Mother Egypt)”之中。这种描绘埃及的新方式提供了一种祖国的形象,她是不同阶层和不同语言群体埃及人的家,为他们提供了“共同的传承,共同的血统,驱逐英国人的斗争的共同联系”。[3]民族主义者然后使用了埃及中产阶级家庭的理想典范表明其摆脱英国统治的意愿,家庭的意象在引发革命的1919年示威中扩散。他们也使用了家庭荣誉的概念,这是加强民族自豪感、强调占领者侵犯行为的一种方式。例如,在1919年英国士兵强奸了一个村妇之后,这场事件首先被民众视为“强奸了‘我族女性’”,然后是“强奸了民族,是集体共有的耻辱”。[4]但革命的家庭政治对男性和女性而言有着不同的结果。虽然女性积极参与了独立运动,她们仍被排除在公共事务的决策过程之外,被归入“埃及的母亲们”这样象征性的角色之中。 93

① Lisa Pollard, *Nurturing the Nation: The Family Politics of Modernizing, Colonizing, and Liberating Egypt*, Berkeley: University of California Press, 2005: 8.

② Ibid.: 10.

③ Ibid.: 196.

④ Beth Baron, *Egypt as a Woman: Nationalism, Gender, and Politics*, Berkeley: University of California Press, 2005: 55.

家庭改革和女性地位是20世纪土耳其现代性和民族国家构建的试金石，也是中国革命和民族形成的一部分。在土耳其的例子里，欧洲化是穆斯塔法·凯末尔（Mustafa Kemal）现代化政策中的关键，他驱逐了在第一次世界大战中打败奥斯曼帝国占领了土耳其的欧洲军队，废除了苏丹制，在1923年建立了土耳其共和国。凯末尔，或者人们口中的“阿塔蒂尔克”（Atatürk），意为“人民的父亲”，成为了土耳其总统。家庭改革、从正统信仰中解放女性是凯末尔新土耳其民族观念的中心。他支持女性的世俗教育，认为她们接受教育对本国儿童最为有益。在强调母亲身份对女性极其重要的同时，他谴责男性控制了家庭生活。新政府废除了遗弃式离婚（divorce by renunciation）和一夫多妻，赋予女性离婚和继承财产的平等权利。某种意义上，民族之父阿塔蒂尔克带来了现代化国家，而改革家庭领域和女性社会地位的提升就是象征。[①]

在20世纪中国的革命政治中，家庭、“女性解放”和民族主义有着明显的联系。19世纪末和20世纪初，改革人士为了应对来自西方和日本帝国主义的威胁，提出改革中国传统制度，引导中国走进现代世界。在分析困扰中国的弊病时，他们受到了西方多种思潮的影响。特别是在众所周知的新文化运动中，这场运动始于1915年，持续了8年，受过教育的城市青年开始猛烈抨击中国的传统文化。1915年中国政府被迫把财政权交与日本，[②]1919年《凡尔赛条约》把原先由德国控制的地区的权益转让
94 给日本，这些事件刺激了激进青年。如同他们的前辈，他们向西方寻求社会与政治组织的模式。传统的数代同堂的父权制家庭（通过包办婚姻形成，儿子的妻子和他们的子女生活在儿子的父母家里）和女性地位，尤其被认为对中国的民族利益有害。激进人士希望用西式的家庭模式取代传统家庭，包括自由选择婚姻伴侣，友爱婚姻，脱离家族生活。他们认为新

---

① 此处讨论基于 Kumari Jayawardena, *Feminism and Nationalism in the Third World*, London: Zed Books, 1986: 25-56。

② 此处应指袁世凯政府与日本签订的“二十一条”，将包括财政权在内的诸多权力置于日本的控制之下。——译者注

式家庭将会促进民族复兴。根据历史学家苏珊·格洛瑟(Susan Glosser)的研究,小家庭或夫妻家庭(conjugal family)的目的是“给陷入困境的国家逐渐灌输亟须的独立、生产力和公民关怀”。[1]“齐家治国平天下”(国家的力量基于家庭),她认为新文化运动的激进人士基于这个古老的观念修正家庭生活,也在这一观念中表达自己。为了重建民族国家,他们重铸了家庭和其中的女性角色。换言之,新文化的激进人士设想了一种新形式的家庭,为了国家的利益,而不是家庭本身,提升个体私人生活的质量。格洛瑟展现了这种构想如何影响20世纪30年代国民政府的家庭政策,也影响了此后20世纪50年代中华人民共和国的政策,政府为了国家利益增强对夫妻家庭的控制。

在中国,就像在阿塔蒂尔克的土耳其,女性的传统角色被认为不适合现代民族国家。自19世纪末以来,改革者们认为,中国的传统文化不但通过缠足残害女性身体,也通过剥夺她们接受教育、与家庭之外的世界接触的权利残害她们的心灵。在推翻了清王朝(1644—1912)统治、建立共和政府的辛亥革命之后,一场规模很小却很激烈的女性选举权运动出现了,虽然短命。无论如何,随着新文化运动深入人心,“女性的解放代表着‘封建’中国和‘现代’民族国家中国的重要区别”。[2] 这些观念影响了 95
那些加入国民党和共产党的知识分子,国民党由孙中山在1919年改组建立,而共产党则在1921年建立,紧随1919年“五四运动”之后。共产党中的男性主导了这些年兴起的女性主义话语,他们把女性主义和马克思主义结合起来,用于民族国家的改革。这些观念无疑鼓励女性入党,并且积极支持女性解放和家庭改革的观念。共产党女性也和男性一样接受了女性对国家的主要责任是成为母亲和妻子这一观念。

目前为止,在这一章我们看到了性别、革命和民族国家观念的联

---

① Susan L. Glosser, *Chinese Visions of Family and State, 1915-1950*, Berkeley: University of California Press, 2003: 4.

② Christina Kelley Gilmartin, *Engendering the Chinese Revolution: Radical Women, Communist Politics, and Mass Movements in the 1920s*, Berkeley: University of California Press, 1995: 19.

系。性别对18世纪革命过程如此重要的一个原因，是"'民主革命的时代'开启了一个新的纪元，主要的政治转型要么发生在战争之后，要么因战争而诞生，或者在战争中结束"。[1]记住这一点很重要。直到不久前，欧洲和北美的军人才不只是男性。所以战争是高度性别化的这一现象不足为奇。

当美国革命者开始建立一个独立的共和国时，古典共和主义（classical republicanism）对他们而言很重要。公民身份的概念是古典共和主义的基础，以公民—士兵（citizen-solider）的观念为中心，公民—士兵实现男性的独立，确保了他们的美德。虽然在革命时期，人们激烈争论军队组织的性质是应当由自愿民兵组成，还是由强制征召的军人构成。具有美德的公民—士兵的男性政治理想，对美国革命乃至此后共和国的建立而言仍至关重要。

法国也有类似情况，男性公民美德与公民—士兵观念联系在一起。社会上也出现了关于军队组织性质的辩论。但是"男性公民身份和军事服务的合并渐渐地让男性气概更男性化（virilised），更加强调男性气概有别于女性气质"。[2] 1793年8月革命政府颁布的"总动员令"（*levée en masse*），设想所有男性在某种程度上都要参军，推动公民—士兵角色在新的兄弟政治与社会秩序中起关键作用。

96 然而，正是拿破仑时期的法国见证了法国男人尚武男性气概的培养，这与当时政权征服世界的帝国主义野心保持一致。虽然革命者试图淡化男性身份的英雄观念与法国贵族之间的联系，在拿破仑1799年控制了法国政权之后，政府向所有男性推广英勇、好斗、完美的异性恋男性气概典范。根据历史学家迈克尔·J. 休斯（Michael J. Hughes）的研究，拿破仑

---

[1] Stefan Dudink and Karen Hagemann, "Masculinity in Politics and War in the Age of Democratic Revolutions, 1750-1850," in Stefan Dudink, Karen Hagemann, and John Tosh, eds, *Masculinities in Politics and War: Gendering Modern History*, Manchester: Manchester University Press, 2004: 7.

[2] Ibid.: 11.

认为法国男人天性好战。[1]特别是贵族被称为天生的战士。拿破仑在军队中重建了贵族价值观。政府招募了成千上万的男人入伍，人们期待这些男人在服役结束后回到家中，把他们的儿子也培养成英勇的战士。当拿破仑的军队横扫西方世界之时，女性气质被认为以“懦弱”（faint-heartedness）为特征。当心爱的人走上前线，女性被描绘成垂头丧气的样子，而法国士兵性征服的形象也不断增多。法国是一个具有“超级男子气概的战斗民族”，这种自我形象几乎持续于整个19世纪。

虽然在大部分西方历史中，参与战争是男性的特权，但也有一些女性穿着男性服饰参加战争的历史例子。例如1806年到1815年，普鲁士与拿破仑对抗时期，至少22名女性身着男装入伍。卡伦·哈格曼（Karen Hagemann）的分析认为，尽管她们战功卓绝，仍受到了怀疑，也引发了公众深深的矛盾情绪。[2]在法国和普鲁士，都有女性在爱国精神的感召下，要求拥有以女性身份捍卫自身和国家的权利，但是她们被完全拒绝。女性特质和战斗显然难以协调，相较那些女扮男装的女性而言，明确展现女性力量是对战时民族意识的更大威胁。

但是战争不仅仅发生在战场上，以“总体战”（total wars）著称的20世纪两次世界大战尤其如此。“总体战”的意思是战争涉及范围很广，又具有毁灭一切的破坏性，重要的是消除了前线和后方的界限。[3]尽管社会拒绝女性参与战争，20世纪的世界大战却给女性为国家做贡献的努力提供了空间。尼科莱塔·古拉切（Nicoletta Gullace）的研究展示了在第一次 97

---

① Michael J. Hughes, "Making Frenchmen into Warriors: Martial Masculinity in Napoleonic France," in Christopher E. Forth and Bertrand Taithe, *French Masculinities: History, Culture and Politics*, Houndmills, Basingstoke: Palgrave, 2007: 31-63.

② Karen Hagemann, " 'Heroic Virgins' and 'Bellicose Amazons': Armed Women, the Gender Order, and the German Public during and after the Anti-Napoleonic Wars," *European History Quarterly* 37 (2007): 507-527.

③ 全面分析“总体战”和“大后方”术语的起源见 Karen Hagemann, "Home/ Front: The Military, Violence and Gender Relations in the Age of the World Wars," in Karen Hagemann and Stefanie-Schuler-Springorum, eds, *Home/Front: The Military, War and Gender in Twentieth-Century Germany*, Oxford: Berg, 2002: 1-41。

世界大战时期,英国女性的活动如何让她们提出政治公民权诉求,并让其中一部分人获得这种权利。鉴于在政治思想中,发动战争的能力和公民身份资格有着紧密联系,大量的历史研究记载并分析了英国和世界各地的女性选举权运动。这里篇幅有限,不可能涵盖全部。英国女性获得选举权的斗争漫长且历经艰辛,正如古拉切所示,母亲和妻子的牺牲、她们战时的工作和女性参政权支持者公开展现的爱国主义改变了公众的态度,使民众赞成女性赢得选举权。有个特别的例子,在女性完全参与后方战事之时,男性和平主义者却选择不服兵役。古拉切进一步指出,此前(原因太复杂而不便在此讨论),普通的职业军人也没有投票权,考虑到要把普通士兵抬高到英雄地位,惩罚那些拒绝参军或者征兵时拒绝服役的男性,1918 年,当《人民代表法案》(Representaiton of the People Bill)被通过时,公众对拓宽参政权的支持变得很明显。因为有男人拒绝自愿参军或服兵役,古拉切认为性别不再是区分投票资格的标准。为民族国家牺牲的话语是性别中立的。在这一环境下,出于人道的原因拒服兵役人士是"非公民(non-citizen)的象征性和实质性的体现"。①

在英国,第一次世界大战让服役而非性别成为拥有选举权的公民的标志,在 1918 年以前,并非所有的男性都有资格成为政治国家的一员。男性普选权的斗争也是漫长而艰辛的。根据马修·麦科马克(Matthew McCormack)的研究,从 17 世纪中叶到 19 世纪末,男性选举权基于一个问题——是什么让人有资格被视为"独立的男人"。

98 他的研究揭示了独立对政治思想和选举改革的重要意义,在这种观念不断延续的同时,独立的含义在 18 世纪末和 19 世纪初不断地发生变化,并在 1832 年《改革法案》(the Great Reform Act of 1832)的辩论中被利用。

"独立的男人"的含义既与女性相反,也和"依附的男人"的相反。在

---

① Nicoletta F. Gullace, "*The Blood of Our Sons*": *Men, Women, and the Renegotiation of British Citizenship during the Great War*, Houndsmills, Basingstoke: Palgrave Macmillan, 2002:182.

18 世纪最后几十年以前，独立身份一般与男人的较高社会阶层和土地财产相关。独立的对立面是依附，人们认为依附让人腐化堕落、难以信赖。那些依靠恩主(patrons)、雇主、地主或依赖施舍的人缺乏男性气质、美德和自由意志。麦科马克认为，在整个 18、19 世纪，虽然公民权仍是通过独立状态决定，但独立逐渐变得与性别而不是社会地位和拥有土地财产相关。尽管独立作为公民身份的资格依然重要，它却"经历了重新定义和争论"。①

在革命时代之后，特别是当英国的激进思想家遇到 18 世纪 70 年代美国的政治文化时，越来越多的政治激进派和改革者开始接受更广泛的政治权利。独立身份虽然重要，人们却逐渐从男性特质的角度理解独立——"真挚的情感、理性、谦卑的美德、天生的权利"。②与此同时，那些政治激进派极度地厌恶女性(misogynistic)。他们明确表示，一个女人绝不可能被认为拥有这样的特质。麦科马克揭示了 19 世纪头几十年，男性独立的资格仍然处于争论之中。随着工人阶级男性的广泛参政，激进人士认为男性身份本身是选举权的唯一资格。1830 年至 1832 年的改革者"限定了父亲、丈夫和一家之主的男性身份，独立男性的公共角色是以有人依附他们为前提的"。③

安娜·克拉克(Anna Clark)的重要研究《马裤的斗争》(*The Struggle for the Breeches*)追溯了自 18 世纪末以来，政治激进派关于工人男性公民身份的观念变化。激进的技术工人宣扬兄弟理念，以解决他们需要公民权但又缺乏财产的矛盾。与麦科马克类似，克拉克认为这是一种男性气概的激进主义，到了 19 世纪 20 年代，改革者认为这种观念是无效的。她指出，工人阶级或平民激进派之后改变了他们的男性气质概念，从厌恶女

① Matthew McCormack, *The Independent Man: Citizenship and Gender Politics in Georgian England*, Manchester: Manchester University Press, 2005: 52.

② Ibid.: 133.

③ Ibid.: 197.

性变为保护妻子和儿女，对他们负责任。①

工人阶级和中产阶级男性在一些贵族女性的支持下，在1832年《改革法案》通过前鼓动选举改革。示威中也出现了大量的工人阶级女性，但是运动中的女性和男性的主张不同。男人要求选举权是为了成为独立的男人。女性则被置于妻子和母亲的角色中。1832年之前，讨论政治权利时从未提到女性。在18世纪90年代的革命风潮中，诸如玛丽·沃斯通克拉夫特等女性主义者提出了政治诉求，但是在这一背景下1832年通过的法案正式拒绝了女性的选举权。此外，也不是所有男性都有选举权。新获得政治权利的选举人是中产阶级男性，他们的独立身份体现在拥有可课税的财产。财产成为独立身份或诚信可靠的替代品，也是衡量手段——换言之，它是男性身份是否能进入政治国家内的标准。②

但是，英国争取男性普选权的斗争才刚刚开始。宪章运动，也就是要求选举权、反对经济剥削的大规模工人阶级运动在1839年和19世纪40年代中叶蓬勃发展。宪章运动人士要求男性普选权，他们的主张基于工匠们一直以来的观点——身为技术工人，他们也拥有财产。他们的劳动力就是财产。因此他们使用了一种语言，强调独立是政治参与的基础，但拓宽了财产的含义。这一时期，反对赋予工人阶级男性政治权利的人认为，工人不守规矩，是坏丈夫，而劳动力就是财产在这里无关紧要。换言之，他们开始重新定义一种让工人阶级有资格参政的男性气质。工人阶
100 级男性需要成为受人尊敬的男人。正如安娜·克拉克强调的，工人阶级男性用家庭生活的观念回应，这种观念对中产阶级很重要，工人阶级坚决要求养家糊口的薪水，所以他们可以支持整个家庭。他们亦强调劳动的

① Anna Clark, *The Struggle for the Breeches: Gender and the Making of the British Working Class*, Berkeley: University of California Press, 1995.

② 此处的讨论根据 Catherine Hall, "The Rule of Difference: Gender, Class and Empire in the Making of the 1832 Reform Act," in Ida Blom, Karen Hagemann, and Catherine Hall, eds, *Gendered Nations: Nationalisms and Gender Order in the Long Nineteenth Century*, Oxford: Berg, 2000: 107-135。

美德和自我改善以获得尊重。克拉克展现了宪章运动人士逐渐以养家糊口的工资这一经济需求为由,要求把工人阶级男性纳入政治国家之中。他们争取男性选举权的运动,是以女性的家庭生活为基础的。

当19世纪60年代选举权争议再次出现时,改革者"用文化差异覆盖了劳动就是财产这一观念,文化差异区分了不同形式的工人阶级男性气概,一种是清醒的、受人尊敬的、独立的男性气质,另一种是'粗野的'男人"。[①]此类争论导致了1867年《改革法案》的通过,这项法案将政治权利拓展至男性户主和每年支付租金超过十英镑的房客。正如基思·麦克莱兰所言,在1867年拥有政治权利的工人阶级男性"是一类特殊类型的男人,他们的定义——被认为应具备的社会、政治和道德品质,他们认识到的自身与政府和政治过程的关系——对重新定义什么是政治国家、政治国家将来会变成什么样至关重要"。[②]受人尊敬的男人,纳税的、有稳定工作、养家糊口的工人男性,拥有独立的男性身份,从而有资格获得这个国家的政治公民身份。在英国,直到1918年,所有超过21岁的男性才可以参加选举。1918年的《人民代表法案》仅允许年龄在30岁以上的女性参加选举。女性和男性的平等选举权在十年之后才出现。

小 结

本章向读者介绍了,性别分析如何帮助我们理解重要的政治转型。我们讨论的性别与革命的关系跨越了一个历史阶段,以18世纪革命时代为开端,以公民身份的社会性别化为结果。我们考察了性别意象如何被用于代表那些由革命创造的国家,家庭生活的方式和性别对遍及世界的20世纪政治转型的重要意义。我们了解了性别意象和家庭情感在不同 101

① Keith McClelland, "England's Greatness, the Working Man," in Catherine Hall, Keith McClelland, and Jane Rendall, *Defining the Victorian Nation: Class, Race, Gender and the British Reform Act of* 1867, Cambridge: Cambridge University Press, 2000: 101.

② Ibid.: 71.

类型的国家建构过程中的关键作用，包括美国、法国、埃及、土耳其、伊朗、中国和委内瑞拉。本章考察了性别研究如何推动了有关战争的历史讨论，也探索了战争和政治公民身份的联系。本章的结尾关注了19世纪英国人对男性身份不断变化的理解，这种身份被认为是获得政治权利的必要前提，英国在政治权利问题上继续排除所有女性，直到1928年。

一些重要的历史著作也探讨了资本主义和社会主义经济下的性别、劳工和工业转型。我将在推荐阅读中列举相关文献书目以供参考。同时，最后一章将考察有关性别史方法论的争论，并向读者介绍这个领域的一些新趋势。

第六章

评价“转向”与新方向

大致从 20 世纪 80 年代中叶到 90 年代，性别史的兴起与发展伴随着 102
各种所谓的“语言转向”(linguistic turn)、后结构主义(post-structuralism)和后现代主义(post-modernism)理论，性别史也对这些理论的出现有所贡献。这些思潮每一个命名都有其自身的哲学和理论根基以及分析特性，尽管它们被频频视为历史中同一场整体运动的一部分。他们分别又共同地引导历史学家质疑学科的属性。在这本书的开头，读者遇到了历史的定义，这个定义位于我将暂时称之为对历史学科性质的“后现代主义”理解的中心。我们只能通过历史学家的建构去了解过去。历史学家收集证据——生活在过去的多样的生命之痕迹，称作“文献”——然后解释这些证据。他们然后在对过去的描述中塑造自己的解释。因此，我们接近过去那些“真正发生的”事，是以多层次的解释为中介的，所有这些都涉及语言的使用和意义的归因。我们可能知道某件事曾经发生，但是查明事件如何发生，有谁参与其中，评价事件结果，需要我们解读遗留的痕迹。

虽然在某种程度上，早先的历史学家认为他们是主动创造历史的人， 103
但在 20 世纪最后十余年，历史学者中出现的“后现代转向”增加了人们对一个重要问题的敏感程度和理解，这个问题就是质疑历史知识的根基。并且，就像杰夫 · 埃利(Geoff Eley)和基思 · 尼尔德(Keith Nield)写道的，“它(后现代理论)打开了多重立场的大门。因为过去无法被可靠地找回或重建，历史的整体性也无法复原，我们理解的途径必然仍是临时的”。①历史总要经受修正和争论。正如我们将会看到,在性别史领域内外,几种新的历史分析开创了新的研究路径。但在讨论这些更为流行的趋势之前,了解性别史如何参与后现代、后结构主义的语言转向是非常重要的。

凯瑟琳·坎宁(Kathleen Canning)认为,女性主义史学一般而言是女性主义发展的核心。②她指出,20世纪70年代和80年代的女性主义学者拒绝一种观念——生物学解释了性的不平等,并认为性差异是社会构建的。性别史的整体发展就是为了瓦解历史主体是没有实体的白人男性这一观念,所以从一开始,性别史就涉及动摇历史的传统实践。接受“语言转向”的女性主义史家在考察性别如何构建和如何影响历史进程的过程中,进一步把语言和话语置于中心。他们把语言和话语视为历史“现实”的组成部分——构建了现实而非简单反映现实。这给其他女性主义史家带来不安和困扰,其他女性主义学者反对所有事物都是通过语言建构的观念——这给人一种印象:“文本”或书写之外,现实并不存在。一些人担心,这种新的历史将会走向相对主义的深渊,否认不断进步的女性主义政治。另一些人则宣称,语言或话语成为一种新的主范式(master category),可以解释所有事情,而不是变成“社会关系形成及其历史”的一种要素。③

女性主义史家之间、历史学家之间的争论在20世纪90年代更加盛行,变成了人们口中的“理论战争”(theory wars),这不仅仅发生在学术期
104 刊中,也出现在更“主流”的媒体上。④ 尤其是米歇尔·福柯和雅克·德里达(Jacques Derrida)理论的影响,激发了此类争论。对福柯和他的追随者而言,现代社会的权力是广泛散布而不是集中于一处的。权力本质上

① Geoff Eley and Keith Nield, *The Future of Class in History: What's Left of the Social?* Ann Arbor: University of Michigan ress, 2007: 68.

② Kathleen Canning, *Gender History in Practice: Historical Perspectives on Bodies, Class, and Citizenship*, Ithaca: Cornell University Press, 2006: 63-100.

③ Bryan Palmer, *Descent into Discourse*, Philadelphia: Temple University Press, 1990: 186.

④ 相关讨论见 Lisa Duggan, “The Theory Wars, or, Who's Afraid of Judith Butler?” *Journal of Women's History* 10 (1998): 9-20。

和知识联系在一起。因此在性存在史中，性变成一个科学学科的研究对象，这些学科以及产生的知识成为一种控制工具。此外，知识控制是个人将知识内化，成为自我认知的基础，也因此变成了自我控制。批判者担心对权力如此不着边际的理解否定或忽略了统治（domination），也否定或忽略了影响人们生活的物质经济或社会制约因素。

雅克·德里达与解构主义（deconstructionism）联系在一起，这是一种理解和阅读文本的方式。基本上，他的研究认为，文本永远不会建立明确的意义，因为它们是通过能指（signifiers）无止境的互动所建构的。西方传统试图通过压制不稳定性，主张确定性和真理。但是按照这种传统创造文本的二元观念（光/暗、自然/文化、男性/女性）实际上构成了等级制度，这样的中心术语假定了边缘概念，因而被其污染。因此，文本包含内在的矛盾，瓦解了他们所宣称的真理或独一无二的意义。德里达的研究指出了一种方式，可以阅读构成历史证据的文本，也就是揭示它们的内在矛盾，揭示它们压制的内容——也就是说要读出那些被遗忘、被压制的内容。当一些历史学家欣然接受这种处理文本的方式之时，另一些人诋毁德里达的后结构主义，因为这种理论只关注语言，且文字晦涩难懂，也忽略了特定话语中出现的历史与社会背景，或者认为这些背景与话语无关。

琼·斯科特是性别史发展进程的核心人物，特别是因为她提倡了在研究历史中的性别问题时使用理论方法。但是，因为她的思想多来自福柯和德里达等理论家，也因为她坚持只用后结构主义方法研究历史，斯科特的观念在性别史和女性史学者中引发了激烈的争论。① 尽管一些女性 105
主义历史学者联合起来在这样的学术争论中站队，也有一些性别史学者试图形成“中间路线”，在汲取后结构主义的一些方法的同时，也在分析中引入社会背景，历史参与者在竞争、抵抗和改变话语的过程中的能动性（agency）和角色等问题，这些话语定义了历史参与者，同时也和他们所处

① Joan Wallach Scott, “Gender: A Useful Category of Historical Analysis,” in *Gender and the Politics of History*, revised edition, New York: Columbia University Press, 1999: 28-50.

的时代的社会约束条件做斗争。

例如,朱迪丝·沃科维茨(Judith Walkowitz)的《可怕的愉悦之城:维多利亚晚期伦敦的性危险叙事》(*City of Dreadful Delight*: *Narrative of Sexual Danger in Late-Victorian London*)。此书把福柯关于话语实践(discursive practices)的观点与社会史和女性主义政治中的问题相结合。[①]作者分析了伦敦19世纪80年代社会图景的变化,这种变化催生了许多不同类型的城市调查,包括社会改革者、中产阶级和精英男性观众,以及像W.T.斯特德(W.T. Stead)这样撰写女孩被卖到妓院的耸人听闻报道的记者。这些相互交织且冲突的话语导致了政治示威、议会法案和日益增强的警察监管。沃科维茨详细描述了性叙述散播后的社会结果,考察了媒体在异性恋建构过程中的角色和影响。她认为,媒体对于"开膛手"杰克(Jack the Ripper)谋杀案如此疯狂,结果之一就是重塑了社会性别的意义,这种意义想象男性的暴力和女性的被动,也重构了城市自身社会图景的形象。沃科维茨的研究因此把话语至于社会背景之中,并评价了话语的社会、文化和政治影响。

在20世纪90年代发表的一系列论文中,凯瑟琳·坎宁(Kathleen Canning)发展出一种性别史的研究方法,强调话语与社会背景的互动和相互依赖,从而允许我们在性别史中再次引入"经历"(experience)与能动性的概念。其方法的核心是把身体视为处于"物质文化和主体性的十字路口","欲望与匮乏的身体经历从某些重要方面上塑造了主体性"。[②]例如她研究了"一战"后德国女性的劳工政治,阐释了女性工人战时所面对的社会环境,她们新近在劳工联盟获得的地位,女性身体和女性工作不断变化的话语,女性在政治抗议中使用这些话语的能动性。坎宁认为,战争年代和政治与社会动荡的余波构成了一个阶段,女性在这个阶段中体

① Judith Walkowitz, *City of Dreadful Delight: Narratives of Sexual Danger in Late-Victorian London*, London: Virago, 1992.

② Canning, *Gender History*: 87.

现的经历是"饥饿、偷窃、罢工、示威、生育或者堕胎，为她们意识与经历的转型开辟新的方式"。[1]此外，战争时期政府强化了对女性活动的监管，让女性更为敏锐地意识到她们的特殊需求。战争之后，女性身为母亲的身体成为社会关于人口流失和人口质量的广泛焦虑的对象。在这种复杂的话语与社会背景下，女性将她们的政治需求加入日常经历中，高强度的家庭劳动和工厂工作都是为了家庭生存的需要。她们也言及她们"容易生病、受伤和被强奸……以及非法堕胎带来的危险和死亡，工人阶级家庭一直居高不下的婴儿死亡率"。[2] 同时，在战争之前，对女性特殊需求的争论集中于身为母亲的女性工人，在 20 世纪 20 年代中叶，女性代表自身，从多种角色出发要求社会福利措施，强调她们身为女性工人的特殊性。这个故事必然是复杂的——要考虑话语、社会背景、能动性和经历，展示了一种用后结构主义研究性别史的方式，关注话语，并把话语和分析话语所处的物质背景结合起来。当"语言转向"的争论在学术圈盛行之时，朱迪丝·沃科维茨和凯瑟琳·坎宁是试图践行中间路线的历史学者的代表，她们利用不同理论的优点研究性别史。

毫无疑问，跨学科的方法对研究性别史而言不可或缺。讨论到此，或许考虑那些被彼得·伯克（Peter Burke）称为"新文化史"的研究会更有帮助。新文化史涉及了博采众长的多种方法，包含后结构主义，并且也可能受到后结构主义的影响，但并未简化为只使用后结构主义方法。[3] 实 107
际上本书讨论的大部分研究都使用了新文化史的方法，或者涉及新文化史某些领域。可以说，第五章讨论的性别意象对法国大革命进程的重要影响的相关研究，第三章凯瑟琳·布朗对弗吉尼亚殖民地性别和奴隶制的分析，都可以算作新文化史。或许是那些在历史是什么、如何书写历史等问题上观点截然不同的历史学家发起了所谓的"理论战争"，大多数性

---

① Canning, *Gender History*: 97

② Ibid.

③ Peter Burke, *What is Cultural History*? Cambridge: Polity Press, 2004: Chapters 4 and 5.

别史学者从多样的传统中吸收分析工具。最近历史学家对史学地位的反思不仅体现了这种多元主义,也体现了一种共同的尝试,把运用话语分析的文化史和社会历史方法结合起来,理解它们的社会与历史背景,也包括一种观念:规律(regularities)是通过社会机遇与社会不平等实现分配与维持的。[①]

讨论至此,本书内容在简要介绍了凯瑟琳·坎宁的研究之外,很少触及主体性的问题。对坎宁而言,身体——生理的压力和欲望——塑造了主体性。她也用一种“主体位置”(subject position)的视角理解话语中和自我呈现中的主体性,让我们得以理解主体性。[②]我们在第四章提及了迈克尔·罗珀对战场上男子写给母亲的信的研究,对他而言,主体性与心理状态有关。在一篇极易引发争议的题为《视而不见:性别史中的主体性与情感》(Slipping Out of View: Subjectivity and Emotion in Gender History)的论文中,他实际上尖锐地批判了学界对主体性的理解,认为学界把主体性概念化,视为话语中的主体位置。相反,他坚持区分行动者如何使用话语和心理作用的问题。[③]他因为若干理由,反对琼·斯科特提出的用语言学研究性别的理论。罗珀认为,从性别理论中排除对生活经历的任何理解都无法分析主体性。他反对一种观念——话语或者文化表征(cultural representation)构成了主体。他也认为,斯科特影响下的性别史过于狭隘地把性别视为一种构建和展现权力的手段,正是“此范式的这个部分,允
108 许触及一些领域,在这些领域中性别并不是问题所在”。[④] 换言之,一些性别史学者认为性别分析的力量对理解历史有益,而罗珀却认为存在问题。他认为,性别史没有关注“日常生活的行动;与他人的情感关系塑造的人类经历实践;这些经历包括了管理情感冲动的反复过程,不论是有意

① Eley and Nield, *The Future of Class*: 194.

② Canning, *Gender History*: 212-237.

③ Michael Roper, “Slipping Out of View: Subjectivity and Emotion in Gender History,” *History Workshop Journal* 59 (2005): 57-72.

④ Ibid.: 60.

识还是无意识的，不论是自身情感还是与他人之间的情感”。[1]在对“一战”时期男性和男性气概的研究中，他关注了母亲为了儿子参与的日常活动，以情感上极其重要的方式向儿子们表达爱与支持，例如写信、烘焙、寄送衣物和礼物。分析母子之间的通信让罗珀重构家庭关系的情感意义。此类关系是他研究男性气概的中心，被视为“一种精神的也是社会和文化的构建”。[2]罗珀的研究是一种历史的传记方法，大量依赖于心理分析，帮助历史学者理解“家庭内部形成的关系的心理深度”及其与特定历史环境的关联。[3]

蒂莫西·阿什普兰特(Timothy Ashplant)最近出版了一本书，运用传记或生活史的方法，探寻了“一战”时期男性复杂的主体性。阿什普兰特详细研究了三位中上阶层背景男子的个案，考察了他们遭遇并忍受西线残酷战争的紧急状况之时的个人命运和社会身份。他的目的不在于总结或者描绘战争如何在情感上影响了男性，而是探寻作为个体的男性，其社会与政治身份是如何形成、如何转变的。这本书考察了他们在各自家庭、学校和军队中的个人发展。阿什普兰特的特殊兴趣在于，这些男子是否、在何时、以何种方式“协商、抵抗或者拒绝他们被期望的角色”，他也关注了战争的影响。[4]他认为，个人身份的形成既是心理的又是社会的。他视 109
这些因素相互交织，“所以获得成人身份同时也是确定特定的性别、种族和民族”[5]，它们是在一个人走向成年的生命过程中形成的。重要的是，他也考察了他称为“社会集体性”(social collectivities)的概念，比如国家如何提出要求，号召一种情感依恋(emotional attachments)，这种依恋形成于个人生命的早期，成年以前。最后，他考察了战争作为一种混乱的时刻

① Michael Roper, “Slipping Out of View: Subjectivity and Emotion in Gender History,” *History Workshop Journal* 9 (2005): 62.

② Ibid.: 65.

③ Ibid.: 69.

④ Timothy G. Ashplant, *Fractured Loyalties: Masculinity, Class and Politics in Britain, 1900-1930*, London: Rivers Oram, 2007: 4.

⑤ Ibid.: 18.

或者他称为一段“处于阈限内的”(liminal)时间和空间，提供了个体转型的可能性。该书详细记述了第一次世界大战如何挑战了中上阶层的男子气概，导致一些先前反抗他们所受教育的男性开始适应社会的需求，同时也促使另一些人质疑和挑战他们先前接受的观念。

阿什普兰特的研究把精神分析的、文化的和社会的方法结合在一起，探寻主体性的历史，考虑了特定的社会背景和精神动力。阿什普兰特和罗珀研究男性气概历史的方法关注个人的主体性，与本书其他部分讨论的性别史方法非常不同，即从个人心理(这种心理被认为在一个特定的历史环境中形成)的角度考察主体性，为性别史研究提供了新的方向，尽管心理分析法本身对历史研究而言并不陌生。某种意义上，就像早期的女性史和影响女性史的社会史，这种方法致力于“找回”(recovery)。正如阿什普兰特所说，就像试图“恢复那些被排除在权力中心和文化权威之外的人的声音，让他们可以被听见”的历史研究一样，他的研究意味着找回“内在冲突的声音，同时在个体内部起作用的矛盾声音”。[1]阿什普兰特的方法混合了几种研究性别史的方法，如他所示，他试图“揭示力量……的互动——个人与社会的，精神、文化和物质的——导致了这些冲突”。[2]

但是，从精神分析的视角试图找回主体性的方法，是否只限于现代史的研究呢？林德尔·罗珀(Lyndal Roper)认为，虽然近代早期的人可能对心灵和身体有不同看法，但身份形成的过程却是持久的。她认为，用精神分析的方法论证，身份的形成“部分地依靠与他人的认同——以及与他人的分离，近代早期的人也拥有同样的特征”。[3] 她对社会性别化的主体性的理解，基于她对两性身体对历史的重要意义的评价。她认为，性差

110

---

① Timothy G. Ashplant, *Fractured Loyalties: Masculinity, Class and Politics in Britain, 1900-1930*, London: Rivers Oram, 2007: 10-11.

② Ibid.: 11.

③ Lyndal Roper, *Oedipus and the Devil: Witchcraft, Sexuality and Religion in Early Modern Europe*, London: Routledge, 994: 228.

异不仅仅是"社会的，也是身体的"。①精神分析让我们可以分析心理和生理的相互依存，及其对主体性的影响。罗珀发现，个人的主体性在女巫审判中暴露无遗，审判记录揭示了原告和被告均为女性，她们尤其关注母亲和婴儿的身体问题，或者表示对家长权威的愤怒。她认为17世纪德国的巫术现象和"女性地位伴随的内心冲突"相关，这些冲突通过当时的文化叙述表达。换而言之，罗珀认为，文化塑造了一个人根本的主体性或情感状态的表达方式。

关注主体性和情感是性别史研究的一种方法，似乎风头很劲。另一种历史实践的趋势则走向了似乎截然不同的方向。当性别史伴随着新文化史一同发展之时，其他历史学家逐渐开始对被称为世界史或全球史的领域产生兴趣。广泛的兴趣和关注点集中在当代的全球化。承认非西方的历史对影响全球各地社会的社会、经济和文化转型有着重要意义，激发了学界对世界史/全球史/国际史（world/global/international history）的兴趣。通常，女性史与性别史研究并不算是世界史或者全球史研究。尽管女性史和性别史的研究对象是世界各地的社会，女性史和性别史家直到最近才采用"世界史"的方法。世界史或全球史与女性史和性别史似乎沿着分离的、没有交集的轨道各自发展。但是，当越来越多的女性史和性别史学者开始留意从全球视野思考历史的号召，一小群世界史学者也开始留意性别。

世界史或全球史学者对性别缺乏关注，一个可能的原因是该领域的 111
一些学者感兴趣的现象的规模。②历史学家有兴趣去解释全球经济转型，探寻社会层面的社会与经济力量。他们使用比较分析的方法，从经济因素角度考察了不同地区的区分因素，或者探寻贸易和资源在全球的流动，以及各个地区之间的多种联系。该领域广受赞誉的代表性研究就是彭慕

① Lyndal Roper, *Oedipus and the Devil: Witchcraft, Sexuality and Religion in Early Modern Europe*, London: Routledge, 1994: 17.

② 关于"规模"问题的讨论见 Antoinette Burton, "Not Even Remotely Global? Method and Scale in World History," *History Workshop Journal* 64 (2007): 323-328。

兰(Kenneth Pomeranz)的《大分流:中国、欧洲和现代世界经济的形成》(*The Great Divergence: China, Europe, and the Making of the Modern World Economy*)。[1]彭慕兰提出一个问题,为什么在19世纪工业经济增长过程中,与亚洲特别是与中国相比,欧洲尤其是英国出现了引人注目的飞跃。他指出,英国和中国在经济与社会指标上极其相似,都对近代早期世界的经济增长有所贡献,但是在19世纪,欧洲的工业经济开始远超欧亚其他地区。他对这个19世纪"大分流"的解释不仅使用了比较的方法——英国的煤矿储藏极其便利地靠近工业中心,使用蒸汽能源在经济上切实可行,但是中国却不同。他也考察了一系列导致欧洲与其他地区分离的全球性的整体现象,特别是欧洲占用了新世界的土地,使用了奴隶制和其他形式的非自由劳动力,确保了制造工业所需的农业产品和原材料的生产。他因此在比较分析的基础上解释了大分流,最重要的是,讨论了全球经济体中不同地区之间的相互联系和互动。

彭慕兰比较了英国和中国女性劳动的性质差异带来的影响,展现了两国女性劳动都要遵照一种"市场经济"原则,也就是说,理论上都应当推动经济增长。尽管中国的女性在家庭工作,英国女性参加工厂劳动,如果说有什么不同的话,中国女性相较男性的工资水平比起英国没有那么
112 不平等。但是彭慕兰并不关注性别如何塑造了中国和英国的劳动分工。相反,他关注的是这样一个事实:关于社会性别的不同文化范式并不能从经济上区分"东方"与"西方"。

这些全球史研究对于我们的讨论很重要,因为它们突出了重要的考虑因素。首先,当性别史学者认为性别是历史进程中重要的因素,并不意味着它总是重要的,尽管性别可能是导致特定历史结果的诸多因素之一。第二点关于分析的层次。全球的乃至社会层面(societal-level)的经济、社会或政治趋势与关系是许多复杂的、相互作用的进程的结果。在考察或

---

① Kenneth Pomeranz, *The Great Divergence: China, Europe, and the Making of the Modern World Economy*, Princeton: Princeton University Press, 2000.

者描述这些结果时，导致这些结果的进程并不是立刻显而易见的。要发现它们，需要从更局部的或者“微观的”层面分析，需要关注过程而不是结构或者结果。让我们以奴隶制为例。虽然欧洲人涉足奴隶贸易并在新世界用非洲人做奴隶，本不是西欧经济在19世纪和欧亚大陆其他地区分流的原因，但显然是起作用的因素之一。这一观察缺乏对性别的关注。然而，本书第三章讨论的凯瑟琳·布朗和柯尔斯滕·费希尔的研究展现了，除了种族以外，性别对英属北美殖民地奴隶制制度的建立的重要意义。但是她们研究的分析层面与彭慕兰有所不同。

近期对全球史和世界史的关注引发的第三个问题是，通过强调全球范围的相互联系，不但欧洲不再是所谓的现代历史的推动力，而且历史也不再是关于“民族国家”——一个封闭的、有限的和“天然的”历史单元的故事。这种“跨国的”(trans-national)或者“跨边境”(trans-border)的方法，包括一些人所指的“新帝国史”，一段时间以来已经成为研究性别的历史学者积极关注的对象。这些研究的范例将会在本章随后的部分详细讨论。但首先让我们考察一下，女性主义历史学者近期如何运用比较为主的视角探索世界史中的性别。

在同年发表的两篇论文中，艾丽斯·凯斯勒-哈里斯和劳拉·弗拉德 113
(Laura Frader)探讨了世界史领域中的性别和工作或劳动问题。①为了给性别史学者指明一些途径，使他们可以沿此途径从全球视野角度进行思考，凯斯勒-哈里斯使用几种不同的方法讨论这个问题。她探索了不同时间和空间的劳动性别分工，指出了一般意义上何种因素在塑造劳动性别分工的过程中起了重要作用，其中不但包括变化的经济结构，也包括宗教、意识形态、家庭组织，以及女性和男性的生命周期(life-cycles)。她也

① Alice Kessler-Harris, “Gender and Work: Possibilities for a Global Historical Overview,” in Bonnie G. Smith, ed., *Women's History in Global Perspective*, Urbana: University of Illinois Press, 2004: 145-194; Laura Frader, “Gender and Labor in World History,” in Teresa A. Meade and Merry E. Wiesner-Hanks, eds, *A Companion to Gender History*, Oxford: Blackwell, 2004: 26-50.

探寻了女性已经从事和仍将继续从事的多样的工作类型，包括制衣、性工作和家庭劳动。此外，她指出了家庭组织和性道德对经济如何形成、生产如何组织的影响。她的贡献是，使用已有的对全球各地不同时期多样社会的研究范例，指出了未来学术研究的目标。劳拉·弗拉德的论文考察了劳动的社会性别分工如何在长时段的历史时间中发展和变化，从最早的人类社会群体开始，到军事化的封建西欧和亚洲社会，以及资本主义发展的各个阶段，再到工业革命，直到20世纪末的全球化。她的研究表明，性别分工和不平等在整个人类历史中一直存在。她为这种持续性和世界各地不同地区性别不平等的相似性提供了一个可能的解释。这种比较的历史试图展现不同地区和民族国家之间的相似性和差异性，从而详细呈现影响性别差异的诸要素，以及社会、文化、经济转型如何影响女性和社会性别。

比较范式是某些性别史学者把他们的研究置于全球框架中的一种方式，而另一些性别史学者提出了不同的分析方式，这些学者考察了对性别相关的知识、政治运动、意识形态和（社会）关系造成影响的地理区域之
114 间的联系。例如，彼得·斯特恩斯（Peter Stearns）的《世界历史中的性别》（*Gender in World History*）于2000年出版，该书把性别与女性史研究与全球史研究方法结合起来，全球史被视为一种文化接触和国际互动的研究。①尽管这种方法的命名存在争议，一般也称为“跨国”史（“transnational” history），即便考察对象不是两个“民族国家”（nation-states）间的联系，或诸多“民族国家”中的联系。实际上，女性主义学者对帝国和殖民主义的关注，引导历史分析超越了作为一个封闭的、独立的历史单元的“国家”。我们已经见到第三章中此类研究的例子，这些研究不仅展现了殖民地统治本质上与种族、性别和性存在的问题息息相关，也呈现了帝国文化对地方、母国（或者国家）的性别意识形态与政治至关重要。此类研究把处于不同地理位置的群体之间的接触和联系置于性别分析和权力分

① Peter N. Stearns, *Gender in World History*, London: Routledge, 2000.

析的中心。与此同时，这些研究也认识到此类“相互联系的接触与交流网络”，是在一种既塑造“权力与统治体系”，又被“权力与统治体系”塑造的背景之下诞生的。①姆里纳利尼·辛哈提出的“帝国社会形态”的概念，抓住了殖民地与母国之间的相互依存特征，想象它们不可分割地相互联系在一起。②

在这一概念基础上，辛哈分析了凯瑟琳·梅奥（Katherine Mayo）1927年出版《印度母亲》（*Mother India*）之后引发的跨国争论和反响，在分析中探讨了（帝国社会形态）概念的延伸。③简而言之，梅奥是一位美国女性主义新闻记者，她描绘了印度女性的困境，反对印度民族主义，支持英国统治的益处。她把女性的状况归咎于印度男性的性行为以及一般意义上印度文化的“落后”。该书的出版是在美国反对英国帝国主义的背景下发生的，通过向美国人证明英国统治印度的正当性，试图增进英美关系。此书出版后引发了全球性的争议。美国的、英国的和印度的女性主义者，印度民族主义者和在英国和美国的反帝国主义群体，社会改革者、政客和媒体相互争吵。辛哈把这一争论视为全球性的事件，既“具破坏性又提供了机会”，引发了世界范围关于自治和女性权利的辩论。在印度，女性主 115
义者和民族主义者指责英国人抵制社会改革，并且在改善印度女性状况方面很少有作为，甚至什么也不做。印度女性主义者要求国家给她们提供保护，而不是把她们的命运交到宗教社群手中。因此，争议打开了一个空间，女性有了代表，并且作为公民主体代表她们自己。辛哈的研究展现了跨国史的潜力，以及结合全球和地方视角的价值突出了印度政治中性别关系与家庭生活的变化地位。她的研究指出，在全球的帝国社会形态

---

① Tony Ballantye and Antoinette Burton, “Introduction,” in Ballantye and Burton, eds, *Bodies in Contact: Rethinking Colonial Encounters in World History*, Durham, NC: Duke University Press, 2005: 3.

② Mrinalini Sinha, “Mapping an Imperial Social Formation: A Modest Proposal for Feminist Historiography,” *Signs* 25 (2000): 1077-1082.

③ Mrinalini Sinha, *Specters of Mother India: The Global Restructuring of an Empire*, Durham, NC: Duke University Press, 2006.

背景下，媒体成为性别争论的渠道，可以影响地方以及跨国的或者国际的政治。

一群熟悉几个国家和地区背景的女性主义历史学者，深入地探讨了一种跨国的创造，在20世纪二三十年代，新的女性气质通过多种媒体构建而成，人们所称的“摩登女郎”就是代表。他们的研究展现了，不论地点在哪，摩登女郎的形象与当地观念相结合，并被“取自其他地方的元素”修改和改变。[①]摩登女郎不是一个美国人或者欧洲人创造的传遍全球的形象。相反，通过“资本、意识形态和图像的高速流动和多方向的流通”，这个形象几乎是同时出现的。[②]象征着现代性，摩登女郎的图像在许多商业产品广告中出现。在她们出现的每一个地方，摩登女郎都以独特的方式体现。她们的社会地位、族裔、行为各异，取决于社会环境是在撒哈拉沙漠以南的非洲、南亚、东亚、欧洲还是美国。但在所有的环境中，她们所呈现的是对自己外貌与身体的关注。此外，她们的形象与肤色和种族观念联系在一起，因此涉及如何理解种族，种族观念如何在不同的地区背景下被调用。

在一份考察1890年至1910年间“白人男性国家”这一术语使用情况的研究中，玛丽莲·莱克(Marilyn Lake)探索了南非、加拿大、美国、澳大利亚、新西兰地区文明和公民身份观念的跨国流通。[③] 她认为“白人男性”是一个跨国形象，反映和代表了相互联系的不同民族国家的知识分子和政治人物，通过跨国对话产生了“同情”(fellow feeling)。使用其他帝国政权会重复运用的文明和适宜自治的观点，在19、20世纪之交，美国

① Tani E. Barlow, Madeleine Yue Dong, Uta G. Poiger, Priti Ramamurthy, Lynn M. Thomas, and Alys Eve Weinbaum, “The Modern Girl around the World: A Research Agenda and Preliminary Findings,” *Gender & History* 17 (2005): 246.

② Ibid.: 248.

③ Marilyn Lake, “Fellow Feeling: A Transnational Perspective on Conceptions of Civil Society and Citizenship in ‘White Men's Countries’ 1890-1910,” in Karen Hagemann, Sonya Michel, and Gunilla Budde, eds, *Civil Society and Gender Justice: Historical and Comparative Perspectives*, Oxford: Berghahn Books, 2008: 265-284.

向争取独立的菲律宾发动战争。在澳大利亚，古巴人和菲律宾人不适宜自治的观念反复在媒体上出现，美国的战争宣言受到热烈欢迎，因此数百名男子试图在美国领事馆应征入伍。莱克认为，南非、北美和澳大利亚的政府不但相互认同，而且彼此留意种族排斥的模式，在公民身份的争论中使用了类似的性别话语。此外，“白人澳大利亚人”的观念是在20世纪初书写的世界历史的背景下普及的，这些历史视种族为世界文明和政治进步的主要历史动力，正如“澳大利亚的联邦之父们利用了这些新的历史，他们由被包围的白人男性——这种跨国认同组成”。①

不仅是观念在跨国空间中流转，旅行者、探险者以及重要的自愿或非自愿的移民等人群也是如此。人群跨越地理空间的运动当然不是新鲜事。人类自古以来就在“迁徙之中”。人们携带着源自他们出生地区的物品和观念迁徙，在新的环境遇上不熟悉的物品和生活方式。在第三章，我们了解到一些性别与亲密关系对殖民地和帝国社会秩序形成具有重要意义的例子。人群的移动和人们在不平等权力条件下的互动构成了帝国的社会形态，隐含在性别、性存在和帝国的简短讨论中。在下面的讨论中，我们将探讨与接触、流动和移民明确相关的性别议题。

人们对性别差异的看法是什么？例如，当探险者决心要发现和记录 117
异乡人的生活时，遇到了拥有不同文化构建和不同性别差异期待的群体。凯瑟琳·威尔逊（Kathleen Wilson）利用人类学家的研究和库克船长（Captain Cook）18世纪60年代和70年代在太平洋航行的日志，记述了探险队的官员和成员与塔希提人（Tahitian）男女相遇时出现的她称之为“性别的错误认知”和“共同”困惑的现象。海员们认为塔希提女性是性放荡的，然而在女性自身眼里，她们一心想要为自身利益利用整船的外国男人。在波利尼西亚（Polynesian）社会，女性的性活动有着精神上和政治上的含义，不太符合欧洲的道德观念。塔希提女性看上去在性方面毫无

① Marilyn Lake, “The White Man under Siege: New Histories of Race in the Nineteenth Century and the Advent of White Australia,” *History Workshop Journal* 58 (2004): 58.

顾忌，让航海人员感到不安。他们在日记中认为，欧洲男性变成“波利尼西亚人差异分类的对象”。① 海员也怀疑太平洋岛屿上的男人是鸡奸者或缺乏阳刚之气。但是从岛屿男子的角度看，海员自己承担了大量工作，这些工作对岛屿人而言很大程度上是女性的工作，海员可能看起来像是女性。威尔逊讨论的另一个可能是，海员把自己的性欲望投射到土著男性身上，或者他们看到在这种文化下向他们开放的性活动，“在家乡”这是受到谴责的。

最近历史学家将注意力转向人群跨越边界的迁徙，引发了对性别和跨国、跨边界或（用巴伦季耶［Ballantye］和伯顿［Burton］的术语）“跨地区”（translocal）流动之间的关系的考察，提出了在多种全球史和帝国史的背景下，性别化的主体性及影响的问题。②在第三章，我们了解到“许多纤弱的纽带”巩固了欧洲毛皮商人和土著女性的关系，形成了亲族网络。但是当殖民社会在 19 世纪向西推进，土著女性和欧洲裔男性的跨族婚姻
118 越来越不被接受。迈克尔 · A. 麦克唐奈（Michael A. McDonnell）精彩地记述了当北美大湖地区在独立战争后国家与语言边界重新划定的时候，亲密家庭纽带跨越“种族”界限的延续。这表明，至少在一个地区，纽带仍然持续，不仅跨越了“种族”界限，也跨越了加拿大和美国的边界。③他对一个叫“*pays d'en haut*”或者大湖区高地的地区跨越数代的家族史进行研究，此处居住着印第安人、法国人和混血种族或叫混血儿（Métis）群体，表明“想象的国家、文化和种族界限”并没有限制其居民。相反，印第安

① Kathleen Wilson, “Thinking Back: Gender Misrecognition and Polynesian Subversions aboard the Cook Voyages,” in Kathleen Wilson, ed., *A New Imperial History: Culture, Identity and Modernity in Britain and the Empire 1660-1840*, Cambridge: Cambridge University Press, 2004: 352.

② Tony Ballantyne and Antoinette Burton, eds, *Moving Subjects: Gender, Mobility, and Intimacy in an Age of Global Empire*, Urbana: University of Illinois Press, 2009, “Introduction,” 9, and “Epilogue: The Intimate, the Translocal, and the Imperial in an Age of Mobility,” 335-338.

③ Michael A. McDonnell, “‘*Il a Épousé une Sauvagesse*’: Indian and *Métis* Persistence across Imperial and National Borders,” in Tony Ballantye and Antoinette Burton, eds, *Moving Subjects: Gender, Mobility, and Intimacy in an Age of Global Empire*, Urbana: University of Illinois Press, 2009: 149-171.

人和混血儿女性继续跨越美国和加拿大边界，塑造混血婚姻和生育的纽带，就像她们的女性祖先一样，1763 年在法属北美殖民地政权终结之前，跨越了北美地区的法、英帝国的边界。

跨越大陆和大洋的移民是跨国主义的典型，在这个概念被创造之前就存在已久。所有的人类历史都可以看作与"迁徙中的"人群相关，不论是基于自身的意志，回应变动中的自然环境或社会转型，还是非自愿的战争的影响、奴隶贸易和殖民主义。当移民离开"家乡"，试图在新环境定居，并跨越空间维持家庭纽带时，对这些移民经历的历史研究揭示了性别对移民迁徙(migration)、移居外国(emigration)和移民(immigration)的重要意义。家庭寓所本身分散在不同空间，通过经济支持和情感的交流得以维系。德克·赫德尔(Dirk Hoerder)在其全球性的百科全书式的分析中，考察了超过一千年时间的移民，包括讨论了性别不平等如何限制了一些女性迁徙的可能性，因为她们承担了主要的家庭责任。[①]他考虑了种族、阶级和族裔如何影响了女性主动的和被迫的流动，指出了女性如何被鼓励作为文明的代理人迁居殖民地。赫德尔也考虑了她们在性贸易中被剥削，成为当代性旅游业的对象。因此，他的研究认为，从多个角度看，性别是历史最为重要的方面之一——人群跨越空间流动的核心特征。

许多性别和移民的研究突出了跨国家庭经济的建立。分散在不同地 119
区的家庭通过劳动的性别分工维系，这种分工把丈夫安置于一个地区，妻子和子女安置于另一个地区。在她对美国的意大利移民的研究中，唐娜·加巴恰(Donna Gabaccia)突出了跨国家庭经济维持的重要性，一方面，依赖移民到美国和南美的男人，另一方面，依赖留在意大利的仍在工作挣钱的女性。19 世纪，许多接受移民的国家向男性提供了众多工作机会，相较女性移民或者举家迁徙而言，男性移民为整个家庭提供了更好的

① Dirk Hoerder, *Cultures in Contact: World Migration in the Second Millennium*, Durham, NC: Duke University Press, 2002.

经济安全机会。[1]加巴恰认为更普遍地说，不论移民们的文化背景如何，家庭经济考虑是决定移民的主要原因。在19世纪和20世纪初，当女性来到美国，她们被期待去参加工作，就像她们在家乡乡村地区干活一样，并且她们也要为另一边的老家提供经济支持。20世纪中后期这一现象改变了，许多因素结合起来，导致移民的女性成为被供养的家眷。在19世纪和20世纪，大西洋两岸的女性生活包含了薪资工作和家庭责任。女性在美国的机会一般被限制在家庭服务和服装业的劳动密集型工作。[2]

当加巴恰集中研究了影响迁徙与移民经历的性别经济(gendered economic)及广泛的文化因素之时，玛丽·张伯伦(Mary Chamberlain)在她的英国加勒比海地区移民经历的研究中运用了口述史，为我们了解移民过程中更为情感和主观的方面打开了一扇窗户。她分析了加勒比海地区人群往来英国的活动，并把这种分析置于一个更长的岛屿人口流动的历史中——自由人、被强制的人和受契约束缚的人的流动。她认为跨国主义“嵌入在加勒比海地区离散文化的结构里”。[3]当人们从加勒比海地区120移出或再次移入时，他们的家庭仍居于中心地位。张伯伦的研究认为，跨越空间的家庭纽带适应了迁徙，它们有助于抵消迁徙带来的破坏性结果。此外，加勒比海人的身份既基于家庭归属又基于原居地或位置。对张伯伦的被访对象而言，跨国的、分散的家庭既是经济的又是情感的源泉。

男人和女人都迁徙。男人和女人都依赖于家庭网络获得物质和情感支持。但是张伯伦发现，男人和女人截然不同地谈论他们的移民经历。当男人明确地表达一种感觉，他们迁出加勒比海地区是自发的也可能是临时的，女人强调了与所爱之人分离的情感痛楚。在男人的生活叙述中，

---

① Donna Gabaccia, “When the Migrants are Men: Italy's Women and Transnationalism as a Working-Class Way of Life,” in Pamela Sharpe, ed., *Women, Gender and Labour Migration: Historical and Global Perspectives*, London: Routledge, 2001.

② Donna Gabaccia, *From the Other Side: Women, Gender, and Immigrant life in the US, 1820-1990*, Bloomington: Indiana University Press, 1994.

③ Mary Chamberlain, *Family Love in the Diaspora*, New Brunswick, NJ: Transaction Publishers, 2006: 94.

他们表达了一种独立的自主的自我感觉，使用第一人称“我”，讲述他们在英国定居的故事。女人则使用一个集合名词“我们”，讨论她们与其他人相关的经历。男人用冒险、经济上的成功讨论他们的移民；女人强调离开家乡的情感方面，以及想念那些留在家乡的人。因此，虽然移民的环境对男人和女人而言是相似的，但是他们在如何解读和描述经历上却并不一致。①张伯伦的研究让我们更清楚地理解了性别化的主体性，当他们参与全球的跨国的流动过程时，又受到这一过程的影响。

小　结

本章全面考察并回顾了性别史研究的不同路径。这一章反思了历史学家思考性别和历史的多种方式，以及历史分析的一些新趋向。我也总结了本书前几章处理的各种各样的问题：什么是历史以及什么是性别；性存在与身体；男性气概；历史中性别的重要意义。我也提醒读者注意，全书都在强调种族和族裔问题的重要性，以及性别和性关系对奴隶制和殖
民主义的重要意义。在列举探明性别差异的文化构建的读物，介绍把 121
“国家”和“西方”这种历史推动力去中心化的方法之外，最后一章也囊括了如下一些例子，包括传记和生活史的方法，以及阅读文本以揭示主体性和情感的方法。本书以评价多元的方法为结束，这些方法让性别史成为一个极具活力的学术领域。

① Mary Chamberlain, *Narratives of Exile and Return*, London: St Martin's Press, 1997; reissued London: Transaction Publishers, 2005.

进一步阅读建议

138 进一步阅读建议所列的书目并不打算求全责备。目录必然要经过筛选，也不一定是最佳的选择。其中所安排的分类也不相互排斥。许多研究书目可归在不只一种类型之下。此外，我主要列出的是相对较新的研究，而不是很早以前的"经典研究"。这可以让读者进一步熟悉这一领域相当新的学术研究。一般而言，除了选集，我没把已在书中提到的或者在尾注中引用的书列入。但是我强烈鼓励读者把它们也列入进一步阅读之中，它们也会出现在对性别史研究领域作出重要贡献的综合性书目中。

第一章　为什么是性别史？

整体概述这一领域，涉及历史中性别的广泛议题，又极有帮助的论文集，见 S. Brownell and J. Wasserstrom, eds, *Chinese Feminities/Chinese Masculinities: A Reader* (Berkeley: University of California Press, 2002); R. Connell, *Gender in World Perspective* (Cambridge: Polity, 2009); L. Davidoff,
139 K. McClelland, and E. Varikas, eds, *Gender and History: Retrospect and Prospect* (Oxford: Blackwell, 2000); L. Downs, *Writing Gender History*, 2nd edition (London: Hodder Arnold, 2009); D. Glover and C. Kaplan, *Genders*, 2nd edition (New York: Routledge, 2009); S. Kent, *Gender and Power in Britain, 1640-1990* (London: Routledge, 1999); L. Kerber, A. Kessler-Harris, and K. Sklar, eds, *Women and History: New Feminist Essays*

(Chapel Hill: University of North Carolina Press, 1995); S. Kleinberg, E. Boris, and V. Ruiz, eds, *The Practice of US Women's History: Narratives, Intersections and Dialogues*(New Brunswick, NJ: Rutgers University Press, 2007); T. Meade and M. Wiesner-Hanks, eds, *A Companion to Gender History* (Oxford: Blackwell, 2004); J. Parr, "Gender History and Historical Practice," *Canadian Historical Review* 76 (1995): 354-376; V. Ruiz with E. C. DuBois, eds, *Unequal Sisters: An Inclusive Reader in US Women's History*, 4th edition (London: Routledge, 2008); M. Wiesner-Hanks, *Gender in History: New Perspectives on the Past*(Malden, MA: Blackwell, 2001); M. Wiesner-Hanks, *Women and Gender in Early Modern Europe*, 3rd edition (Cambridge: Cambridge University Press, 2008). 两本评论"历史"的论文集,见 J. M. Bennett, *History Matters: Patriarchy and the Challenge of Feminism* (Manchester: Manchester University Press, 2006) and B. G. Smith, *The Gender of History: Men, Women and Historical Practice* (Cambridge, MA: Harvard University Press, 1998)。

第二章 性别史中的身体与性存在

关于生理/社会性别差异的富有洞察力的论文,见 R. Braidotti, "The Uses and Abuses of the Sex Distinction in European Feminist Practices," in G. Griffi n and R. Braidotti, eds, *Thinking Differently: A Reader in European Women's Studies*(London: Zed Books, 2002) and A. Najmabadi, "Beyond the Americas: Are Gender and Sexuality Useful Categories of Historical Analysis?" *Journal of Women's History* 18 (2006): 11-21。关于科学和生理性别/社会性别,见 L. Jordanova, *Nature Displayed: Gender, Science and Medicine, 1760-1820*(London: Longman, 1999); N. Stepan, "Race, Gen- 140
der, Science and Citizenship," *Gender & History* 10 (1998): 25-52。关于身体,见 C. Bynum, "Why All the Fuss about the Body? A Medievalist's

Perspective," *Critical Inquiry* 22 (1995): 1-33; L. Frader, "From Muscles to Nerves: Gender, 'Race', and the Body at Work in France, 1919-1939," *International Review of Social History* 44 (1999), supplement: 123-147; D. Smail, *On Deep History and the Brain* (Berkeley: University of California Press, 2008)。性存在相关研究见 L. Bland, "White Women and Men of Colour: Miscegenation Fears in Britain after the Great War," *Gender & History* 17 (2005): 29-61; J. Bristow, *Sexuality* (London: Routledge, 1997); M. Cook, R. Mills, R. Trumbach, and H. Cocks, *A Gay History of Britain: Love and Sex between Men since the Middle Ages* (Oxford: Greenwood World, 2007); J. D'Emilio and E. B. Freedman, *Intimate Matters: A History of Sexuality in America*, 2nd edition (Chicago: University of Chicago Press, 1997); M. Houlbrook, *Queer London: Perils and Pleasures in the Sexual Metropolis, 1918-1957* (Chicago: University of Chicago Press, 2005); A. McLaren, *Twentieth-Century Sexuality: A History* (Oxford: Blackwell, 1999); F. Mort, *Dangerous Sexualities: Medico-Moral Politics in England since, 1830*, 2nd edition (London: Routledge, 2000); R. Nye, ed., *Sexuality* (Oxford: Oxford University Press, 1999); A. L. Stoler, *Race and the Education of Desire: Foucault's "History of Sexuality" and the Colonial Order of Things* (Durham, NC: Duke University Press, 1995)。

第三章　性别与其他差异关系

关于慈善的研究，见 D. Elliott, *The Angel Out of the House: Philanthropy and Gender in Nineteenth-Century England* (Charlottesville: University of Virginia Press, 2002); V. Nguyen-Marshall, *In Search of Moral Authority:*
141 *The Discourse on Poverty, Poor Relief and Charity in French Colo-nial Vietnam* (Oxford: Peter Lang, 2009)。关于奴隶制和奴隶解放之后的社会，见 S. D. Amussen, *Caribbean Exchanges: Slavery and the Transformation of*

English Society, 1640-1700 (Chapel Hill: University of North Carolina Press, 2007); G. Heuman and J. Walvin, *The Slavery Reader* (London: Routledge, 2003); M. Nishida, *Slavery and Identity: Ethnicity, Gender and Race in Salvador, Brazil, 1808-1888* (Bloomington: Indiana University Press, 2003); D. Paton, *No Bond but the Law: Punishment, Race, and Gender in Jamaican State Formation, 1780-1870* (Durham, NC: Duke University Press, 2004); H. Rosen, *Terror in the Heart of Freedom: Citizenship, Sexual Violence, and the Meaning of Race in the Post-Emancipation South* (Chapel Hill: University of North Carolina Press, 2009); P. Scully and D. Paton, *Gender and Slave Emancipation in the Atlantic World* (Durham, NC: Duke University Press, 2005)。关于帝国和殖民主义,见 A. Burton, ed., *Gender, Sexuality and Colonial Modernities* (London: Routledge, 1999); C. Crais and P. Scully, *Sarah Baartman and the Hottentot Venus: A Ghost Story and a Biography* (Princeton: Princeton University Press, 2008); C. Hall, ed., *Cultures of Empire: Colonizers in Britain and the Empire in the Nineteenth and Twentieth Centuries. A Reader* (New York: Routledge, 2000); P. Levine, ed., *Gender and Empire* (Oxford: Oxford University Press, 2004); P. Levine, *Prostitution, Race and Politics: Policing Venereal Disease in the British Empire* (London: Routledge, 2003); A. McClintock, *Imperial Leather: Race, Gender and Sexuality in the Colonial Movement* (New York: Routledge, 1995); R. Pierson and N. Chaudhuri, eds, *Nation, Empire, Colony: Historicizing Gender and Race* (Bloomington: Indiana University Press, 1998); J. Clancy-Smith and F. Gouda, eds, *Domesticating the Empire: Race, Gender, and Family Life in French and Dutch Colonialism* (Charlottesville: University of Virginia Press, 1998); A. L. Stoler, *Carnal Knowledge and Imperial Power: Race and the Intimate in Colonial Rule* (Berkeley: University of California Press, 2002); K. Wilson, *The Island Race: Englishness, Empire and Gender in the Eighteenth Century* (London: Routledge, 2003);

A. Woollacott, *Gender and Empire* (Basingstoke: Palgrave Macmillan, 2006)。

142 第四章　男性与男性气概

关于男性和暴力的研究，见 L. Braudy, *From Chivalry to Terrorism: War and the Changing Nature of Masculinity* (New York: Alfred A. Knopf, 2003); S. Stern, *The Secret History of Gender: Women, Men, and Power in Late Colonial Mexico* (Chapel Hill: University of North Carolina Press, 1995)。不同社会、不同时期男性与男性气概的概述和论文集见 B. Clements, R. Friedman, and D. Healey, eds, *Russian Masculinities in History and Culture* (Basingstoke: Palgrave, 2002); R. Connell, *Masculinities*, 2nd edition (Cambridge: Polity, 2005); C. E. Forth, *Masculinity in the Modern West: Gender, Civilization and the Body* (Basingstoke: Palgrave Macmillan, 2008); T. Hitchock and M. Cohen, *English Masculinities, 1660-1800* (London: Longman, 1999); M. Kessel, "The 'Whole Man': The Longing for a Masculine World in Nineteenth-Century Germany," *Gender & History* 15 (2003): 1-31; M. Kimmel, *Manhood in America: A Cultural History*, 2nd edition (Oxford: Oxford University Press, 2006); L. Lindsay and S. Miescher, eds, *Men and Masculinities in Modern Africa* (Westport, CT: Heinemann, 2003); K. Louie, *Theorizing Chinese Masculinity: Society and Gender in China* (Cambridge: Cambridge University Press, 2002); J. Martinez and C. Lowrie, "Colonial Constructions of Masculinity: Transforming Aboriginal Australian Men into 'Houseboys,'" *Gender & History* 21 (2009): 305-323; J. Tosh, *Manliness and Masculinity in Nineteenth-Century Britain: Essays on Gender, Family and Empire* (Harlow: Pearson Longman, 2005)。评论男性气概史的论文，见 T. Ditz, "The New Men's History and the Peculiar Absence of Gendered Power: Some Remedies from Early American Gender

History," *Gender & History* 16 (2004): 1-35。

第五章 性别与历史知识

关于印第安人和殖民者的相遇,见 J. Barr, *Peace Came in the Form of a Woman: Indians and Spaniards in the Texas Borderlands*(Chapel Hill: Uni- 143
versity of North Carolina Press, 2007); T. Perdue, *Cherokee Women: Gender and Culture Change, 1700-1835* (Omaha: University of Nebraska Press, 1998); C. Saunt, *Black, White, and Indian: Race and the Unmaking of an American Family*(Oxford: Oxford University Press, 2005)。革命、政治和战争的概述或论文集见 A. Timm and J. Sanborn, *Gender, Sex and the Shaping of Modern Europe: A History from the French Revolution to the Present Day*(New York: Berg, 2007); S. Dudink, K. Hagemann, and J. Tosh, eds, *Masculinities in Politics and War: Gendering Modern History*(Manchester: Manchester University Press, 2004)。关于各类革命的研究,见 L. Dubois, *Avengers of the New World* (Cambridge, MA: Harvard University Press, 2004) on the Haitian revolution; D. Davidson, *France after Revolution: Urban Life, Gender and the New Social Order*(Cambridge, MA: Harvard University Press, 2007); J. Heuer, *The Family and the Nation: Gender and Citizenship in Revolutionary France, 1789-1830* (Ithaca: Cornell University Press, 2005); K. Davies, *Catherine Macauley and Mercy Otis Warren: The Revolutionary Atlantic and the Politics of Gender* (Oxford: Oxford University Press, 2005); S. Smith, *Gender and the Mexican Revolution: Yucatan Women and the Realities of Patriarchy*(Chapel Hill: University of North Carolina Press, 2009)。关于战争的研究,见 S. Grayzel, *Women's Identities at War: Gender, Motherhood, and Politics in Britain and France during the First World War* (Chapel Hill: University of North Carolina Press, 1999); P. Krebs, *Gender, Race, and Writing of Empire: Public Discourse and the Boer*

War(Cambridge: Cambridge University Press, 1999); J. Meyer, *Men of War: Masculinity and the First World War in Britain*(Basingstoke: Palgrave Macmillan, 2009); R. Smith, *Jamaican Volunteers in the First World War: Race, Masculinity and the Development of National Consciousness*(Manchester: Manchester University Press, 2004); P. Summerfi eld and C. Peniston-Bird, *Contesting Home Defence: Men, Women and the Home Guard in the Second World War*(Manchester: Manchester University Press, 2007)。有关性别和战后重建的研究,见 C. Duchen and I. Bandhauer-Schoffmann, eds, *When the War Was Over: Women, War and Peace in Europe, 1940-1956*
144 (London: Leicester University Press,2000); D. Herzog, *Sex after Fascism: Memory and Morality in Twentieth-Century Germany*(Princeton: Princeton University Press, 2005); M. L. Roberts, *Civilization without Sexes: Reconstructing Gender in Postwar France*(Chicago: University of Chicago Press, 1994);也可见"20 世纪 50 年代德国的再次男性化"讨论会和论文集,by R. Moeller, H. Fehrenbach, and S. Jeffords, *Signs* 24 (1998): 101-169。有关国家和公民权的研究,见 I. Blom, K. Hagemann, and C. Hall, eds, *Gendered Nations: Nationalisms and Gender Order in the Long Nineteenth Century*(Oxford: Berg, 2000); K. Canning and S. Rose, *Gender, Citizenships and Subjectivities*(Oxford: Blackwell, 2002); S. Dudink, K. Hagemann, and A. Clark, eds, *Representing Masculinity: Male Citizenship in Modern Western Culture*(Basingstoke: Palgrave, 2007); C. Hall, K. McClelland, and J. Rendall, *Defi ning the Victorian Nation: Class, Race, Gender and the British Reform Act of 1867*(Cambridge: Cambridge University Press, 2000); S. Heathorn, *For Home, Country and Race: Constructing Gender, Class, and Englishness in the Elementary School, 1880-1914*(Toronto: University of Toronto Press, 1999); J. Hogan, ed., *Gender, Race and National Identity: Nations of Flesh and Blood*(New York: Routledge, 2009); L. Kerber, *No Constitutional Right to be Ladies: Women and the Obligations of Citizenship*

(New York: Hill & Wang, 1998); J. Surkis, *Sexing the Citizen: Morality and Masculinity in France, 1870-1920* (Ithaca: Cornell University Press, 2006)。关于劳工和工业化的概述和论文集,见 A. Baron, "Masculinity, the Embodied Male Worker, and the Historian's Gaze," *International Labor and Working-Class History* 69 (2006): 143-160; L. Frader and S. Rose, eds, *Gender and Class in Modern Europe* (Ithaca: Cornell University Press, 1996); L. Frader, "Labor History after the Gender Turn: Transatlantic Cross-Currents and Research Agendas," *International Labor and Working-Class History*63 (2003): 21-31; K. Honeyman, *Women, Gender and Industrialization in England, 1700-1870* (Basingstoke: Macmillan, 2000); Eileen Yeo, "Gender in Labour and Working-Class History," in M. van der Linden and L. van Voss, eds, *Class and Other Identities: Gender, Religion and Ethnicity in the Writing of European Labour History* (New York: Berghahn Books, 2002): 73-87。关于不同社会中性别与劳工的研究,见 K. Can- 145
ning, *Languages of Labor and Gender: Female Factory Work in Germany, 1850-1914* (Ithaca: Cornell University Press, 1996); L. Downs, *Manufacturing Inequality: Gender Division in the French and British Metalworking Industries, 1914-1939* (Ithaca: Cornell University Press, 1995); W. Z. Goldman, *Women at the Gates: Gender and Industry in Stalin's Russia* (Cambridge: Cambridge University Press, 2002)。

第六章　评价"转向"与新方向

对历史研究的多种文化路径的评价,见 E. Clark, *History, Theory, Text: History and the Linguistic Turn* (Cambridge, MA: Harvard University Press, 2004); G. Eley, *A Crooked Line: From Cultural History to the History of Society* (Ann Arbor: University of Michigan Press, 2005); G. Lerner, "US Women's History: Past, Present and Future," *Journal of Women's History* 16

(2004): 10-27; G. Spiegel, "Introduction," in G. Spiegel, ed., *Practicing History: New Directions in Historical Writing after the Linguistic Turn* (New York: Routledge, 2005): 1-31。关于世界史/全球史/跨国史,见 L. Edwards and M. Roces, *Women's Suffrage in Asia: Gender, Nationalism and Democracy* (London: Routledge/Curzon, 2004); L. Rupp, "Teaching about Transnational Feminisms," *Radical History Review* 20 (2008): 191-197; P. Sharpe, ed., *Women, Gender and Labour Migration: Historical and Global Perspectives* (London: Routledge, 2001); B. Smith, ed., *Women's History in Global Perspective*, 4 volumes (Urbana: University of Illinois Press, 2004); B. Smith, ed., *Oxford Encyclopedia of Women in World History*, 4 volumes (Oxford: Oxford University Press, 2008); A. Walthall, ed., *Servants of the Dynasty: Palace Women in World History* (Berkeley: University of California Press, 2008); M. Wiesner-Hanks, "World History and the History of Women, Gender, and Sexuality," *Journal of World History* 18 (2007): 53-67; J. Zinsser, "Women's History, World History, and the Construction of
146 New Narratives," *Journal of Women's History* 12 (2000): 196-206。关于主体性以及精神分析的研究方法,见 R. Braidotti, "Identity, Subjectivity and Difference: A Critical Genealogy," in G. Griffen and R. Braidotti, eds, *Thinking Differently: A Reader in European Women's Studies* (London: Zed Books, 2002): 158-180; N. Mansfi eld, *Subjectivity: Theories of the Self from Freud to Haraway* (New York: New York University Press, 2000); M. Roper, *The Secret Battle: Emotional Survival in the Great War* (Manchester: Manchester University Press, 2009); P. Summerfi eld, *Reconstructing Women's Wartime Lives: Discourse and Subjectivity in Oral Histories of the Second World War* (Manchester: Manchester University Press, 1998);也可见 "Feature: Psychoanalysis and History"中的论文, *History Workshop Journal* 45 (1998): 135-221。

译名对照表

Adams, Abigail 阿比盖尔·亚当斯

Alexander, Sally 萨莉·亚历山大

Anderson, Benedict 本尼迪克特·安德森

Antoinette, Marie 玛丽·安托瓦妮特

Ashplant, Timothy 蒂莫西·阿什普兰特

Atatürk 阿塔蒂尔克

Bacon, Nathaniel 纳撒尼尔·培根

Ballantye, Tony 托尼·巴伦季耶

Beard, Mary 玛丽·比尔德

Beckles, Hilary McD. 希拉里·McD. 比克尔斯

Bederman, Gail 盖尔·贝德曼

Berkeley, William 威廉·伯克利

Bloch, Ruth 露丝·布洛克

Bock, Gisela 吉塞拉·博克

Bourke, Joanna 乔安娜·博尔克

Bridenthal, Renate 雷娜特·布里登索尔

Brown, Kathleen 凯瑟琳·布朗

Burke, Peter 彼得·博克

Burns, Tommy 汤米·伯恩斯

Burton, Antoinette 安托瓦妮特·伯顿

Butler, Eleanor 埃莉诺·巴特勒

Butler, Josephine 约瑟芬·巴特勒

Butler, Judith 朱迪丝・巴特勒
Bynum, Carolyn Walker 卡罗琳・沃克・拜纳姆

Canning, Kathleen 凯瑟琳・坎宁
Chamberlain, Mary 玛丽・张伯伦
Chauncy, George 乔治・昌西
Clark, Alice 艾丽斯・克拉克
Clark, Anna 安娜・克拉克
Columbia 哥伦比亚
Connell, Raewyn 雷温・康奈尔(康瑞文)
Cook, Captain 库克船长
Cott, Nancy 南希・科特

Davidoff, Leonore 莉奥诺・达维多夫
Davis, Madelin D. 马德琳・D. 戴维斯
Davis, Natalie Zemon 纳塔莉・泽蒙・戴维斯
de Gouges, Olympe 奥兰普・德古热
Derrida, Jacques 雅克・德里达
Desan, Suzanne 苏珊・德桑
Dreyfus, Alfred 阿尔弗雷德・德雷富斯
Drugan, Andrea 安德烈娅・德鲁甘
Dublin, Thomas 托马斯・达布林
Dubois, Ellen Carol 埃伦・卡萝尔・杜波依斯
Dudink, Stefan 斯特凡・杜丁克

Eley, Geoff 杰夫・埃利
Faust, Drew Gilpin 德鲁・吉尔平・福斯特
Fischer, Kirsten 柯尔斯滕・费希尔
Forth, Christopher E. 克里斯托弗・福思
Foucault, Michel 米歇尔・福柯

Frader, Laura 劳拉·弗拉德

Francis, Martin 马丁·弗朗西斯

Gabaccia, Donna 唐娜·加巴恰

Gilmore, David 戴维·吉尔摩

Glosser, Susan 苏珊·格洛瑟

Gordon, Charles W. 查尔斯·W. 戈登

Gordon, Linda 琳达·戈登

Greenberg, Amy 埃米·格林伯格

Grosz, Elizabeth 伊丽莎白·格罗

Gullace, Nicoletta 尼科莱塔·古拉切

Gurkhas 廓尔喀人

Hagemann, Karen 卡伦·哈格曼

Hall, Catherine 凯瑟琳·霍尔

Hall, Catherine 凯瑟琳·霍尔

Halperin, David 戴维·霍尔珀林

Hewitt, Nancy 南希·休伊特

Highlander 高地人

Hoerder, Dirk 德克·赫德尔

Hoff, Joan 琼·霍夫

Hoganson, Kristin 克里斯廷·霍根逊

Hoganson, Kristin L. 克里斯廷·L. 霍根森

Hughes, Michael J. 迈克尔·J. 休斯

Hull, Isabel 伊莎贝尔·赫尔

Hull, Isabell 伊莎贝尔·赫尔

Hunt, Lynn 林·亨特

Jack the Ripper“开膛手”杰克、“撕人魔”杰克

Jacobin 雅各宾派

Jeffries, Jim 吉姆·杰弗里斯

Johnson, Jack 杰克・约翰逊
Jones, Jacqueline 杰奎琳・琼斯
Juster, Sue 休・贾斯特
Juster, Susan 苏珊・贾斯特
Karras, Ruth Mazo 露丝・梅佐・卡拉斯
Kelly-Gadol, Joan 琼・凯莉-加多尔
Kemal, Mustafa 穆斯塔法・凯末尔
Kennedy, Elizabeth Lapovsky 伊丽莎白・拉波夫斯基・肯尼迪
Kerber, Linda 琳达・科布
Kessler-Harris, Alice 艾丽斯・凯斯勒-哈里斯
Kimmel, Michael S. 基梅尔・S. 迈克尔
Koonz, Claudia 克劳迪娅・孔茨

Ladies of Llangollen 兰戈伦女士们
Lake, Marilyn 玛丽莲・莱克
Landes, Joan 琼・兰德斯
Laqueur, Thomas 托马斯・拉克尔
Levine, Philippa 菲莉帕・莱文
Liddington, Jill 吉尔・利丁顿
Little, Ann 安・利特尔
Little, Ann 安・利特尔
Lombard, Anne 安妮・隆巴德

Marshall, David B. 戴维・B. 马歇尔
Mayo, Katherine 凯瑟琳・梅奥
McClelland, Keith 基思・麦克莱兰
McCormack, Matthew 马修・麦科马克
McDevitt, Patrick 帕特里克・麦克德维特
McDonnell, Michael A. 麦克瑞・A. 麦克唐奈
McLaren, Angus 安格斯・麦克拉伦

Midgley, Clare 克莱尔·米奇利
Mink, Gwendolyn 格温德琳·明克
Morgan, Jennifer 珍妮弗·摩根

Najmabadi, Afsaneh 阿夫萨尼赫·纳杰马巴迪
Newton, Judith 朱迪丝·牛顿
Newton, Melanie 梅拉妮·牛顿
Nield, Keith 基思·尼尔德
Norris, Jill 吉尔·诺里斯
Northrop, Douglas 道格拉斯·诺思罗普
Norton, Mary Beth 玛丽·贝丝·诺顿
Nye, Robert 罗伯特·奈

Oren, Laura 劳拉·奥伦
Outram, Dorinda 多琳达·乌特勒姆

Paine, Thomas 托马斯·潘恩
Perry, Adele 阿黛尔·佩里
Pinchbeck, Ivy 艾薇·平奇贝克
Polynesian 波利尼西亚
Pomeranz, Kenneth 彭慕兰
Ponsonby, Sarah 萨拉·庞森比
Power, Eileen 艾琳·鲍尔
Procida, Mary 玛丽·普罗奇达
Puff, Helmut 赫尔穆特·普夫

RAF 英国皇家空军
Roberts, Frederick 弗雷德里克·罗伯茨
Roper, Lyndal 林德尔·罗珀
Roper, Michael 迈克尔·罗珀

Rose, Guenter 京特・罗斯
Ross, Ellen 埃伦・罗斯
Rowbotham, Sheila 希拉・罗博特姆
Ruiz, Vicki 薇姬・鲁伊斯
Ryan, Mary 玛丽・瑞安

Sawtelle, Mary 玛丽・索泰勒
Schiebinger, Londa 隆达・席宾格
Schwarz, Bill 比尔・施瓦茨
Scott, Joan 琼・斯科特
Scully, Pamela 帕梅拉・斯库利
Segal, Lynne 琳内・西格尔
Shah, Nyan 年・沙阿
Shepard, Alexandra 亚历山大・谢泼德
Sikhs 锡克人
Sinha, Mrinalini 姆里纳利尼・辛哈
Smith-Rosenberg, Carroll 卡萝尔・史密斯-罗森堡
Spruill, Julia 朱莉娅・斯普鲁伊尔
Stansell, Christine 克里斯蒂娜・斯坦塞尔
Stead, W. T. W. T. 斯特德
Stearns, Peter 彼得・斯特恩斯
Stoler, Ann 安・斯托莱
Stovall, Tyler 泰勒・斯托瓦尔
Streets, Heather 希瑟・斯特里茨
Stuard, Susan 苏珊・斯图亚德
Sultanate 苏丹制

Timm, Annette 安妮特・蒂姆
Tosh, John 约翰・托什
Trumbach, Randolph 伦道夫・特鲁姆巴赫

Van Kirk, Sylvia 西尔维娅·凡·柯克
Vicinus, Marth 玛莎·维奇纳斯

Walkowitz, Judith 朱迪丝·沃克维茨
Warren, Mercy Otis 默茜·奥蒂斯·沃伦
Weeks, Jeffrey 杰弗里·威克斯
Welter, Babara 芭芭拉·维尔特
White, Deborah Gray 德博拉·格雷·怀特
Wollstonecraft, Mary 玛丽·沃斯通克拉夫特

索　引

（页码为本书边码）

废奴主义 abolitionism 6, 40-42
亚当斯,阿比盖尔 Adams, Abigail 82
亚历山大,萨莉 Alexander, Sally 8
美国内战 American Civil War 6, 10, 69
美国革命 American Revolution
　英属殖民地 British colonies 81, 90
　法国卷入 French involvement 84
　性别差异 gender differences 83
　战后时期 post-war era 118
　宗教 religion 83-4
　共和主义 republicanism 95
　女性角色 women's role 82
美国战争 American War of
　美国独立战争 Independence: *see*
　美国革命 American Revolution
安德森,本尼迪克特 Anderson, Benedict 89-90
英裔印度人社区 Anglo-Indian community 51, 70-71
反帝国主义者 anti-imperialists 70
反犹主义 anti-Semitism 65-66
阿什普兰特,蒂莫西 Ashplant, Timothy 108-109
中亚 Asia, Central 22-23
东南亚 Asia, Southeast 33

澳大利亚 Australia 73, 116

培根,纳撒尼尔 Bacon, Nathaniel 62
培根起义 Bacon's Rebellion 61-62, 78
巴伦季耶,托尼 Ballantyne, Tony 117
浸礼会教会 Baptist Church 84
浸礼会传教士 Baptist missionaries 41
巴巴多斯群岛 Barbados 42-43, 48
比尔德,玛丽 Beard, Mary 4
比克尔斯,希拉里·McD. Beckles, Hilary McD. 47-48
贝德曼,盖尔 Bederman, Gail 66-69,72-73
伯克利,威廉 Berkeley, William 60-61
生物差异 biological differences 34
布洛克,露丝 Bloch, Ruth 83
博克,吉塞拉 Bock, Gisela 37
身体 body
  女性身体 female 19, 21, 105-106, 110
  身体史 history 20-21
  男性身体 male 19, 21, 64-65
  身体政治 politics 21-22
  宗教 religion 21-22
  性存在 sexuality 23-24
  主体性 subjectivities 107
博尔克,乔安娜 Bourke, Joanna 21
童年 boyhood 63
布里登索尔,雷娜特 Bridenthal, Renate 5, 12
英国 Britain
  废奴主义 abolitionism 40-41
  美洲殖民地 American colonies 80-83
  美国革命 American Revolution 81, 90

拳击 boxing 73-74
女性主义史 feminist history 7-8，9
工业化 Industrialization 111
公共/私人领域 public/private spheres 8-9
男性普选权 universal male suffrage 97-98
工人阶级女性 working – class women 8
第一次世界大战 World War I 97
英属哥伦比亚 British Columbia 51-52
英帝国 British Empire
加勒比海 Caribbean 44
性别/性存在 gender/sexuality 50-51
印度 India 53，114-115
卖淫业 prostitution 51
性病 venereal disease 33
妓院 brothels 31，33-34
也见卖淫业 *see also* prostitution
布朗，凯瑟琳 Brown，Kathleen 45-47，61-64，107，112
博克，彼得 Burke，Peter 106
伯恩斯，汤米 Burns，Tommy 73
伯顿，安托瓦妮特 Burton，Antoinette 42-43，117
巴特勒，埃莉诺 Butler，Eleanor 29
巴特勒，伯恩斯 Butler，Josephine 32
巴特勒，朱迪丝 Butler，Judith 20
拜纳姆，卡罗琳·沃克 Bynum，Carolyn Walker 21-22

加拿大 Canada 51-52，118
坎宁，凯瑟琳 Canning，Kathleen 21，103，105-107
好望角殖民地 Cape Colony 49-50
资本主义 capitalism 8
加勒比海 Caribbean 41，44，80，82

也见巴巴多斯群岛 *see also*Barbados
卡罗莱纳州 Carolina 48-49
天主教教会 Catholic Church 26-27，81
张伯伦，玛丽 Chamberlain，Mary 119-120
宪章运动 Chartism 99
昌西，乔治 Chauncey，George 28
中国 China
家庭 family 93-95
性别概念 gender concept 15-16
工业化 industrialization 111
家长制/父权制 patriarchy 94
女性选举权 women's suffrage 94
女性传统角色 women's traditional roles 94
基督教 Christianity
禁欲/苦行主义 asceticism 21-22
肌肉发达的 muscular 76-77
也见具体教派 *see also specific sects*
公民权 citizenship
主动/被动 active/passive 85
性别差异 gender differences 82，89-91，115
荣誉 honor 91
兵役 military service 95-96
政治的 political 80，83，101
财产要求 property requirements 99
服务 service 97
公民社会 civil society 22
克拉克，艾丽斯 Clark，Alice 4
克拉克，安娜 Clark，Anna 98-100
阶级 class
家庭生活 domesticity 40

家庭探访 home visiting 39
男性气概 masculinity 109
慈善组织 philanthropic
organizations 43
身体状态 physical state 66
种植园 plantations 61-62
种族/性别 race/gender 10, 36-39,43-44, 50-52
志愿工作 volunteer work 38-39
福利改革 welfare reforms 39-40
也见中产阶级 *see also* middle class;
工人阶级 working class
殖民地统治 colonial rule 142-143
北美 America, North 80-83
法国 France 54, 82
性别/阶级 gender/class 44
性别/性存在 gender/sexuality 54-55, 80
跨种族性关系 interracial sexual relations 50, 53
婚姻 marriage 46
男性气概 masculinity 70-71, 78
权力 power 70-71
卖淫业 prostitution 33
种族等级制 racial hierarchy 13
中国共产党 Communist Party of China 95
比较分析,全球史 comparative analysis, global history 111
姘居 concubinage 51
公理会 Congregational Church 83-84
康奈尔,雷温,康瑞文 Connell, Raewyn 20-21, 24, 58
传染疾病法案 Contagious Diseases Acts 32,42
库克,詹姆斯 Cook, James 117
科特,南希 Cott, Nancy 7, 14

古巴 Cuba 38-39, 69-70, 116
文化转向 cultural turn 13, 145-146

达维多夫,莉奥诺 Davidoff, Leonore 9, 15, 74
戴维斯,马德琳 · D. Davis, Madeline D. 30
戴维斯,纳塔莉 · 泽蒙 Davis, Natalie Zemon 11
德古热,奥兰普 de Gouges, Olympe 85, 87
解构主义 deconstructionism 104
德里达,雅克 Derrida, Jacques 104
德桑,苏珊 Desan, Suzanne 88-89
差异关系 difference, relations of 140-141
  生物意义的 biological 34
  身体的 bodily 18-20, 34
  文化的 cultural 15, 81
  自然的 natural 3, 19
  性的 sexual 18-19, 103
  女性史 women's history 36
  也见性别差异 *see also* gender differences
话语概念 discourse concept 13
离婚法 divorce laws 88-89
家庭生活 domesticity 40, 75-76, 100
  也见公共/私人领域 *see also* public/private spheres
德雷富斯,阿尔弗雷德 Dreyfus Affair 65-66
达布林,托马斯 Dublin, Thomas 9-10
杜波依斯,埃伦 · 卡萝尔 DuBois, Ellen Carol 36-37
杜丁克,斯特凡 Dudink, Stefan 58
荷属东印度群岛 Dutch East Indies 51, 53
荷兰共和国 Dutch Republic 89

经济转型 economic transformations 68-69

阴柔的、女子气 effeminacy 57-58, 70-71, 78
埃及 Egypt 92-93
埃利,杰夫 Eley, Geoff 103
移民(移出)emigration 119
启蒙运动 Enlightenment 19-20, 82
福音派(福音主义)evangelicalism 83-84

"仙子"(形容同性恋男子的术语)fairies, as term for homosexual men 28
家庭 family
    中国 China 93-95
    埃及 Egypt 92-93
    法兰西共和国 French Republic 90-91
    男人 men 57-58, 74-75
    作为比喻 as metaphors 90-91
    传教士 missionaries 41
家庭经济 family economy 8, 119
父亲身份 fatherhood 74
福斯特,德鲁·吉尔平 Faust, Drew Gilpin 14
女性气质 femininity 3, 43, 81
女性主义 feminism
    黑人/拉美裔 black/Latina 36
    资本主义 capitalism 8
    人权 human rights 5
    帝国主义 imperialism 42
    印度 India 42, 115
    和马克思主义 and Marxism 95
    激进 radical 10
    第二波 second-wave 5
    社会主义 socialism 8, 11
女性主义历史学家 feminist historians 103-104,112-113, 115

女性主义历史 feminist history 7-9, 11, 80,103
费希尔,柯尔斯腾 Fischer, Kirsten 48-49, 112
福思,克里斯托弗·E. Forth, Christopher E. 65-66
福柯,米歇尔 Foucault, Michel 25, 104
弗拉德,劳拉 Frader, Laura 113
法国 France
    非洲工人 African workers 53-54
    公民士兵 citizen-soldiers 95-96
    殖民统治 colonial rule 54, 82
    宪法 Constitution 85
    决斗 duels 64
    和英国人 and English 81
    性别概念 gender concept 15
    伊斯兰教 Islam 22-23
    男性身份 manhood 65-66
    拿破仑时期 Napoleonic Era 95-96
    女性工人 women workers 54
    女性史 women's history 6, 82,85-86
    第一次世界大战 World War I 53-54
    也见法兰西共和国 *see also* French Republic;
        法国大革命 French Revolution
弗朗西斯,马丁 Francis, Martin 76-77
普法战争 Franco – Prussian War 65
兄弟会、兄弟情谊 fraternity 86, 90, 98-99
法兰西共和国 French Republic
    建立 established 85
    家庭 family 90-91
    男性身份 manhood 86
    母亲身份 motherhood 88
    女性代表的形象 visual female representations 87-88

法国大革命 French Revolution
身体/政治 body/politics 22
着装 clothing 35
父权制 patriarchy 88-89
女性 women 82，84-89

加巴恰,唐娜 Gabaccia，Donna 119
同性恋权利 gay rights 25
同性恋亚文化 gay subculture 28
也见同性恋 *see also* homosexuality
性别 gender
美 beauty 23-24
身体差异 bodily differences 18-19
作为分类范畴 as category 11-12，16-17
文化差异 cultural differences 15
界定 defined 2-3
女性气质 femininity 43
历史知识 historical knowledge 142-145
意识形态(观念)ideologies 68
帝国主义 imperialism 42，114
劳工 labor 113
移民(移居)migration 118-119
错误识别 misrecognition 117
道德 morality 40-41
表演性 performativity 20
政治 politics 100
权力 power 4，13-14，58，81
公共/私人领域 public/private spheres 38
种族/阶级 race/class 10，36-39,43-44，50-52
斯科特 Scott 13，17

性 sex 3, 17-18, 34, 139-140
性存在 sexuality 14, 50-51, 54-55,65, 80
奴隶制 slavery 80, 112
选举权运动 suffrage movement 69-70
女性文化 women's culture 11
《性别与历史》*Gender & History* 15
性别差异 gender differences
美国革命 American Revolution 83
生物意义 biological 18
公民权 citizenship 82, 89-91,115
着装 clothing 22, 34-35
文化构建 cultural construction of 116-117, 121
移民、移居 migration 120
政治 politics 83
(奴隶)解放后的 post-emancipation 社会 society 44-45
科学知识 scientific knowledge 18
社会建构 social constructions 2-3,13-14
薪酬 wages 111
乔治三世 George III 82
德国 Germany
公民社会 civil society 22
着装 clothing 35
劳工政治 labor politics 105-106
尚武精神 militarism 71
卖淫业 prostitution 33-34
性存在 sexuality 30-31
纺织工业 textile industry 21
巫术 witchcraft 110
女工 women workers 21, 105-106
女性史 women's history 6

吉尔摩,戴维 Gilmore, David 58
吉伦特派 Girondins 86-87
全球史 global history 110-111
格洛瑟,苏珊 Glosser, Susan 94
戈登,查尔斯·W. Gordon, Charles W. 76-77
戈登,琳达 Gordon, Linda 38
古希腊 Greece, ancient 22, 26
格林伯格,埃米 Greenberg, Amy 68-69
格罗,伊丽莎白 Grosz, Elizabeth 21
古拉切,尼科莱塔 Gullace, Nicoletta 97

哈格曼,卡伦 Hagemann, Karen 96
霍尔,凯瑟琳 Hall, Catherine 41-42, 44, 74
霍尔柏林,戴维 Halperin, David 26
头巾争议 headscarf controversy 23
异性恋 heterosexuality 27-28, 64-65
休伊特,南希 Hewitt, Nancy 38-39
印度人,印度教徒 Hindus 71, 114
历史 history 1-2, 102
  传记方法 biographical approach 108
  身体 body 20-21
  文化方法 cultural approaches 145-146
  精神分析方法 psychoanalytic approach 108
  修正主义 revisionism 103
  女性行动主义 women's activism 4-5
赫德尔,德克 Hoerder, Dirk 118
霍夫,琼 Hoff, Joan 13
霍根逊,克里斯廷·L. Hoganson, Kristin L. 69-70,78
同性恋 homosexuality 25-26, 66
  (性)倒错 inverts 28

也见同性(恋)关系 *see also* same-sex relationships
休斯,迈克尔·J. Hughes, Michael J. 96
赫尔,伊莎贝尔 Hull, Isabel 22, 30-31
亨特,林 Hunt, Lynn 22, 85-88

身份 identity
形成 formation 109-110
女同性恋 lesbian 30
心理/社会的 psychic/social 108-109
性 sexual 27
私生子 illegitimate children 88-89
移民(移入) immigrants 39, 51-52, 119-120
加勒比海地区 Caribbean 119-120
中国人 Chinese 40
也见移民(移居) *see also* migration
帝国主义 imperialism 42, 53, 68, 114-115
也见英帝国 *see also* British Empire
契约仆 indentured servants 46, 47
印度 India
英国帝国主义 British imperialism 53, 114-115
女性主义 feminism 42, 115
男性气概 masculinities 70-71
民族主义运动 nationalist movement 71-72
性交易 prostitution 51, 72
印度起义 Indian Rebellion 71-72
印第安人,北美土著居民 Indians, Native American 81
印度支那半岛 Indochina 53
工业化 industrialization 111
伊朗 Iran 23-24, 91
爱尔兰 Ireland 71- 72

伊斯兰 Islam 22-23

雅各宾派 Jacobins 86-88
牙买加 Jamaica 41
日本 Japan 26, 93
杰弗里斯,吉姆 Jeffries, Jim 73
约翰逊,杰克 Johnson, Jack 73
琼斯,杰奎琳 Jones, Jacqueline 9-10, 44-45
贾斯特,苏珊 Juster, Susan 83-84

卡拉斯,露丝·梅佐 Karras, Ruth Mazo 31, 59
凯莉-加多尔,琼 Kelly-Gadol, Joan 11
凯末尔,穆斯塔法,(阿塔蒂尔克) Kemal, Mustafa (Atatürk) 93
肯尼迪,伊丽莎白·拉波夫斯基 Kennedy, Elizabeth Lapovsky 30
科布,琳达 Kerber, Linda 6
凯斯勒-哈里斯,艾丽斯 Kessler-Harris, Alice 9-10,113
基梅尔,迈克尔 Kimmel, Michael S. 56, 68
亲族网络 kinship networks 52, 90, 117
    knights 59
孔茨,克劳迪娅 Koonz, Claudia 5, 12

劳工 labor
    性别 gender 113
    劳工政治 politics of 105-106
    作为财产的劳动 as property 99
    生育劳动 reproductive 48
    性分工 sexual division of 10, 44,113
    工会主义 unionism 9
    世界史 world history 113
全国女士协会 Ladies National Association 32

兰格伦女士们 Ladies of Llangollen 29
莱克,玛丽莲 Lake, Marilyn 115-116
兰德斯,琼 Landes, Joan 91
拉克尔,托马斯 Laqueur, Thomas 19-20
拉丁美洲 Latin America 53
女同性恋关系 lesbianism 25, 28, 30, 35
莱文,菲莉帕 Levine, Philippa 33, 50-51
利丁顿,吉尔 Liddington, Jill 8
语言转向 linguistic turn 13, 102, 145-146
利特尔,安 Little, Ann 80-81
隆巴德,安妮 Lombard, Anne 62-63, 82
伦敦 London 27, 39, 105
伦敦女性主义历史小组 London Feminist History Group 10
路易十六 Louis XVI 85
路德教派 Lutherans 31-32

麦克莱兰,基思 McClelland, Keith 100
麦科马克,马修 McCormack, Matthew 97-98
麦克德维特,帕特里克 McDevitt, Patrick 73-74
麦克唐奈,麦克瑞 · A. McDonnell, Michael, A. 117-118
麦克拉伦,安格斯 McLaren, Angus 66
男性纽带 male bonding 31-32, 59
男性身份 manhood
　　美国的 American 67-68
　　英美的 Anglo-American 64
　　行为 behavior 58
文化规范 cultural codes 77-78
　　决斗 duels 64
　　精英/男性荣誉 elites/male honor 61-62
　　应得权利 entitlement 98

男性气概 masculinity 142
冒险 adventure 76
阶级 class 109
殖民地 colonial 70-71, 78
危机 crisis of 65-66, 78
作为文化构建 as cultural construct 78-79
家庭生活 domesticity 75
霸权的 hegemonic 58, 61
英雄的 heroic 22
异性恋的 heterosexual 96
入会仪式 initiation rituals 59
尚武特质 martial qualities 68-69, 96
军事、军队 military 71-72
规范 norms 57
战后 post-war 21
权力 power 70-71
种族 race 73-74
性存在 sexuality 35
第一次世界大战 World War I 76, 109
也见男性身份，男人 *see also* manhood; men
马萨诸塞州湾 Massachusetts Bay
殖民地 Colony 62-63
手淫 masturbation 30-31
孕妇的，见母亲身份 maternity: *see* motherhood
五四运动 May Fourth Movement 93, 95
梅奥，凯瑟琳 Mayo, Katherine 114
男人 men
孟加拉人 Bengali 13, 70-71, 78
移民(移居国外)emigration 119
英国人 English 13, 59-60, 70-71, 78,81

欧洲加拿大人 Euro－Canadian 52-53
家庭 family 74-75
父亲身份 fatherhood 74
作为社会性别化的历史主体 as gendered historical subjects 56
制度背景 institutional settings 57-58
犹太人 Jewish 65-66
婚姻 marriage 57-58，74
中世纪 medieval 59-60
中产阶级 middle-class 75
政治特权 politically privileged 20
主体性 subjectivities 77
工人阶级 working-class 66，100
也见男性身份 *see also* manhood；
男性气概、家长制（父权制）masculinity；patriarchy
墨西哥 Mexico 69
中产阶级 middle class
家庭男人 family men 75
男性身份 manhood 66-67
新英格兰 New England 62-63
美国女性史 US women's history 36
米奇利，克莱尔 Midgley，Clare 40-41
移民（移居）migration 118-120
明克，格温德林 Mink，Gwendolyn 39
异族通婚 miscegenation 53
传教士 missionaries 40-41
摩登女郎 Modern Girl 115
摩根，珍妮弗 Morgan，Jennifer 48
母亲身份 motherhood
身体 body 110
家庭生活 domesticity 75

法兰西共和国 French Republic 88
德国 Germany 21, 39, 75
男人/男性气概 men/masculinity 108
美国 US 39
女巫审判 witch trials 110
女工 women workers 106

纳杰马巴迪,阿夫萨尼赫 Najmabadi, Afsaneh 23-24, 91
拿破仑法典 Napoleonic Code 89
拿破仑时期 Napoleonic Era 95-96
中国国民党 Nationalist Party, China 94
民族 nationality 71-72
民族性、国民身份 nationhood 80, 82, 89-90,101
北美土著印第安人 Native American Indians 81
自然 nature 19
纳粹主义 Nazism 33-34
荷兰 Netherlands 26-27
神经衰弱 neurasthenia 66
新文化史 new cultural history
概念 concept 106-107
新文化运动 New Culture Movement 93-94
新英格兰 New England 62-63, 81-82
也见具体殖民地 *see also specific colonies*
新女性 New Women 4, 70
纽约 New York 9, 28
牛顿,朱迪丝 Newton, Judith 11-12
牛顿,梅拉尼 Newton, Melanie 42-43
尼加拉瓜 Nicaragua 69
尼尔德,基思 Nield, Keith 103
诺里斯,吉尔 Norris, Jill 8

诺斯罗普，道格拉斯 Northrop, Douglas 22-23
诺顿，玛丽·贝丝 Norton, Mary Beth 82
奈，罗伯特 Nye, Robert 64-65

口述史 oral histories 30, 119-120
奥伦，劳拉 Oren, Laura 8
其他的人 othering 37-38, 43, 56, 140-141
奥斯曼帝国 Ottoman Empire 92-93
乌特勒姆，多琳达 Outram, Dorinda 22

太平洋岛民 Pacific Islanders 117
潘恩，托马斯 Paine, Thomas 82
巴黎 Paris 84-85
家长制（父权制）patriarchy
　　中国 China 94
　　法国革命 French Revolution 88-89
　　权力 power 7-8, 14
　　种族化 racialized 46-47
　　奴隶制 slavery 45-47
　　委内瑞拉 Venezuela 91
　　暴力 violence 62-64
家长制（父权制）续 patriarchy (cont.)
　　弗吉尼亚 Virginia 61-64
　　和女性身份 and womanhood 6
中华人民共和国 People's Republic of China 94
佩里，阿黛尔 Perry, Adele 51-52
慈善组织 philanthropic organizations 43
美菲战争 Philippine-American war 70, 78, 116
平奇贝克，艾薇 Pinchbeck, Ivy 4
政治 politics

身体 body 21-22
公民权 citizenship 80, 83, 101
性别 gender 100
性别差异 gender differences 83
男性身份 manhood 89
特权 privilege 20
激进 radical 99
女性参与 women's participation 22
波利尼西亚社会 Polynesian society 117
彭慕兰 Pomeranz, Kenneth 111-112
庞森比,萨拉 Ponsonby, Sarah 29
(奴隶)解放后的社会 post-emancipation society 44-45
后现代主义 post-modernism 102-103
后结构主义 post-structuralism 12-16, 102-105
权力 power
殖民地统治 colonial rule 70-71
性别 gender 4, 13-14, 58, 81
男性气概 masculinity 70-71
家长制(父权制) patriarchy 7-8, 14
鲍尔,艾琳 Power, Eileen 4
普罗奇达,玛丽 Procida, Mary 51
财产关系 property relations 7-8, 63, 88-89
卖淫业(性交易) prostitution
英帝国 British Empire 51
殖民统治 colonial rule 33
的历史 history of 31
印度 India 51, 72
伦敦 London 105
男性纽带 male bonding 31-32
公共健康 public health 34

管制 regulation of 33
和鸡奸 and sodomites 27-28
宗教改革 Protestant Reformation 26-27
公共/私人领域 public/private spheres 6，8-9，38
普夫，赫尔穆特 Puff，Helmut 26
清教主义 Puritanism 62-64

清朝 Qing dynasty 94
性少数群体，形容男同性恋的术语 queer，as term for male homosexuals 28
种族 race
废奴主义 abolitionism 41-42
拳击赛 boxing 73-74
阶级/性别 class/gender 10，36-39，43-44，50-52
等级制 hierarchy 13，41
男性气概 masculinity 73-74
摩登女郎 Modern Girl 115
惩罚 punishment 49
强奸案 rape cases 49-50
性关系 sexual relations，
跨种族的 interracial 48-50，53
性存在 sexuality 29-30，35，49
福利改革 welfare reforms 38，40
英国皇家空军飞行员 RAF pilots 76
强奸案 rape cases 49-50
改革法案 Reform Acts 98-100
宗教 religion 21-23，26，83-84
人民代表法案 Representation of the People Act 97，100
共和主义 republicanism 95
罗伯茨，费雷德里克 Roberts，Frederick 72
罗斯福，西奥多 Roosevelt，Theodore 67-68

罗珀,林德尔 Roper, Lyndal 31-32, 109-110
罗珀,迈克尔 Roper, Michael 77, 107-109
罗斯,埃伦 Ross, Ellen 39
罗伯特姆,希拉 Rowbotham, Sheila 7-8
鲁伊斯,薇姬 Ruiz, Vicki 36-37
俄国 Russia 71
瑞安玛丽 Ryan, Mary 11-12, 17, 83

旧金山 San Francisco 39-40
索泰勒,玛丽 Sawtelle, May 40
席宾格,隆达 Schiebinger, Londa 18-19
科学知识 scientific knowledge 18-20, 64-65, 104
斯科特,琼 Scott, Joan
　　性别史 gender history 12
　　语言学方法 linguistic approach 107
　　后结构主义 post – structuralism 14-15,104-105
　　性/性别 sex/gender 13, 17
　　面纱 veiling 23
斯库利,帕梅拉 Scully, Pamela 49-50
西格尔,琳内 Segal, Lynne 68
性 sex 3, 17-18, 27, 34, 139-140
性旅行 sex tourism 118
性存在 sexuality
　　身体 body 23-24
　　焦虑 feared 32
　　友谊 friendships 7
　　性别 gender 14, 50-51, 54-55, 65,80
　　德国 Germany 30-31
　　古希腊 Greece, ancient 26
　　的历史 history of 24-25

- 男性气概 masculinity 35
- 男人 men 51
- 军事力量 military strength 34
- 种族 race 29-30，35，49
- 压制、镇压 repression 28
- 同性关系 same-sex relationships 25-30，35
- 科学知识 scientific knowledge 104
- 暴力 violence 49

沙阿,年 Shah，Nyan 39-40

谢泼德,亚历山大 Shepard，Alexandra 60-62

锡克人,旁遮普人 Sikhs，Punjabi 71-72

辛哈,姆里纳利尼 Sinha，Mrinalini 13，70-71，78,91，114

奴隶制 slavery

- 非洲女性 African women 47-48
- 阉割惩罚 castration as punishment 49
- 奴隶解放 emancipation 41-42
- 性别 gender 80，112
- 遗传的、世袭的 hereditary 46
- 婚姻 marriage 47-48
- 家长制(父权制) patriarchy 45-47
- 种植园 plantations 47-48，61-62
- 惩罚 punishment 49
- 劳动的性分工 sexual division of labor 10
- 弗吉尼亚 Virginia 45-47，62

史密斯-罗森堡,卡萝尔 Smith-Rosenberg，Carroll 7

共和女性革命协会 Society of Revolutionary Republican Women 85

鸡奸者 sodomites 26-28

士兵们 soldiers

- 信件 letters 77，107-108
- 民族 nationality 71-72

女性作为士兵 women as 96
南非 South Africa 49-50, 73, 116
南安普顿 Southampton 31
苏联 Soviet Union 23
美西战争 Spanish-American war 70, 78
斯普鲁伊尔,朱莉娅 Spruill, Julia 4
斯坦塞尔,克里斯蒂娜 Stansell, Christine 10
斯特德,W. T. Stead, W. T. 105
斯特恩斯,皮特 Stearns, Peter 113-114
斯多噶派,禁欲主义 Stoics 22
斯托莱,安 Stoler, Ann 51
斯托瓦尔,泰勒 Stovall, Tyler 53-54
斯特里茨,希瑟 Streets, Heather 71-72
斯图亚德,苏珊 Stuard, Susan 12
学生 students 59-60
主体性 subjectivities
身体 body 107
文化 culture 110
性别化的 gendered 79, 110, 120-121
历史 history of 109
男人 men 77
性的 sexual 28-29
第一次世界大战 World War I 108
选举权运动 suffrage movement
男性普选权 universal male 97-99
女性选举权运动 women's suffrage movement 8, 42, 68-70
孙中山 Sun Yatsen 94

塔希提岛 Tahiti 117
坦帕,佛罗里达 Tampa, Florida 38-39

作为概念的文本 text, as concept 13
纺织工业 textile industry 9-10, 21
理论战争 theory wars 103-104, 107
蒂姆,安妮特 Timm, Annette 33-34
托什,约翰 Tosh, John 58, 74-75
跨区域关系 translocal relations 117
跨国方法 trans-national approach 112,114-116, 119-120
对真女性气质的崇拜 True Womanhood, Cult of 6
特鲁姆巴赫,伦道夫 Trumbach, Randolph 26-28, 31
土耳其 Turkey 93

美利坚合众国 United States of America
外交 diplomacy 78
经济转型 economic transformations 68-69
扩张主义 expansionism 69
女性主义历史 feminist history 9-10
外交政策 foreign policy 70
性别/女性文化 gender/women's culture 11
天定命运概念 Manifest Destiny concept 68-69
神经衰弱 neurasthenia 66
福利改革 welfare reforms 39
女性史 women's history 6, 36
乌兹别克斯坦 Uzbekistan 23

凡柯克,西尔维娅 Van Kirk, Sylvia 52
面纱 veiling 22-23
性病 venereal disease 21, 33
委内瑞拉 Venezuela 91
凡尔赛条约 Versailles Treaty 93
维奇纳斯,玛莎 Vicinus, Martha 29-30

暴力 violence 49, 61-64, 105,142
弗吉尼亚 Virginia 45-47, 61-64, 78
志愿者工作 volunteer work 38-39

薪酬/性别差异 wages/gender differences 111
沃克维茨,朱迪丝 Walkowitz, Judith 11-12, 32,105-106
战事 warfare 21, 80, 96-97, 101
沃伦,默茜·奥蒂斯 Warren, Mercy Otis 82
威克斯,杰弗里 Weeks, Jeffrey 25
福利政治 welfare policies 38-40
维尔特,芭芭拉 Welter, Barbara 6
西印度 West Indies 42-44, 47-48
怀特,德博拉 White, Deborah Gray 44-45
威尔逊,凯瑟琳 Wilson, Kathleen 117
女巫审判 witch trials 110
沃斯通克拉夫特,玛丽 Wollstonecraft, Mary 87, 99
女性身份、女性气质 womanhood 6, 14, 38, 49-50,70
女性 women
  土著 aboriginal 52-53
  行动主义 activism 4-5, 85-86
  非洲 African 47-48
  美国革命 American Revolution 82
  黑人 black 9-10, 44-45
  公民权 citizenship 82
  依附 dependence 82
  移民(移居国外)emigration 119
  兄弟会、兄弟情谊 fraternity 86, 90
  法国革命 French Revolution 84-85,88-89
  拉美裔 Latina 36, 38-39
  作为他者 as other 56

私人领域 private sphere 6-7
生活记载 records of lives 3-4
奴隶制 slavery 47-48
作为士兵 as soldiers 96
土耳其 Turkey 93
白人 white 46-47
工人阶级 working-class 8-10，30，44-45
也见女性气质、女性主义 *see also* femininity；feminism；
母亲身份、女性身份 maternity；womanhood；
女工 women workers
女工 women workers
女性身体 female bodies 105-106
法国 France 54
德国 Germany 21，105-106
作为母亲 as mothers 106
纺织工业 textile industry 9-10，21
公会主义 unionism 9
女性文化 women's culture 7，11
女性史 women's history
差异 differences 36
作为学科 as discipline 5-6
法国 French 6，82，85-86
激进女性主义 radical feminism 10
美国 US 36，82-83
白人中产阶级 white，middle-class 36
女性运动 women's movement 67
女性权利 women's rights 5，89，99
女性选举权 women's suffrage 85，94
工人阶级 working class 8-10，30，44-45，66，100
世界史 world history

方法 approach 110-111, 113
第一次世界大战 World War I
英国女性 British women 97
法国 France 53-54
信件 letters 77, 107-108
男性气概 masculinity 76, 109
男性身体 men’s bodies 21
主体性 subjectivities 108
土耳其 Turkey 93
第二次世界大战 World War II 76

译后记

为什么我们今天需要了解一点性别史？

阅读译著，学界中人常常会暗暗指摘，或认为译者非专业领域出身，某些术语与内容译得啼笑皆非；或以为译文晦涩难懂，而流畅通顺的译文又常见误读与曲解，不如阅读原著。这些念头无可非议，我也时常会在阅读中产生类似的想法。不过，亲任译者之后，却发现"眼高手低"，翻译的确是比撰述还要艰苦的活动。在翻译书稿之时，我已可想见一些专攻不同时段和国别的历史学者，或者社会学、性别研究学者，对本书一些译名、译文的质疑。在此，我首先承担误译和理解错误的所有责任。大家对照原书，如果发现有任何翻译不周，或者译名、内容值得商榷的地方请务必给我来邮（caoh5@mail.sysu.edu.cn），以便在以后的版本中修正完善。感谢各位读者。

对女性史或（社会）性别史，我一直极有兴趣，在国外访学时，也认真修读了几门基础课程和讨论课，不过，很难称得上是女性史或性别史的研究者，至多是这个领域的观察者。我个人的研究往往是用社会政治史或政治文化史的方法，切入与女性史和性别史相关的议题。在以往的学习和研究过程中，我已经接触过《什么是性别史》提到的不少论文和专著，但本书仍然让我获益匪浅。《什么是性别史》初版于2010年，是密歇根大学专治英国女性史和性别史的历史与社会学教授索尼娅·罗斯所撰。作者是女性史和性别史兴起的亲历者，也是这一领域研究的中坚力量，在功成名就之后编写了这本简练又信息量丰富的小书，希望给专业学生以及不熟悉相关领域的学者乃至普通人提供一份性别史入门指南。

在阅读本书前，读者需要注意几点。其一，本书内容提及的性别史研究覆盖面相当广，从北美到亚洲，从欧洲到非洲，涉及诸多国家，不过绝大部分研究都是英美学术圈的学者用英文撰写的。其二，本书列举了一些颇具代表性的研究，时间段主要集中在20世纪70年代到2009年，但作者对性别史兴起时的经典研究、内部的矛盾与发展脉络着墨不多。如作者所说，她想介绍的是这一领域的一些重要的新发展和新方向。若想更深入地把握性别史的起源和全貌，还需要了解20世纪60、70年代英美国家的社会运动，以及这些运动与社会史、女性史、性别史、家庭史、身体史、性存在史等研究领域之间的联系。此外，美国史学变化极快，本书从出版至今已有八年之久。虽然作者也提到一些男性史、交叉研究、性存在史、同性恋及其他性少数群体史的研究，但近年来上述领域发展迅猛，而女性史和性别史也陷入困境，面临危机。相关内容在本书中略有提及，但"浅尝辄止"，还需要读者多加关注。其三，本书在介绍大量具体历史研究个案的同时，也探讨了诸多理论概念。可以说，女性史与性别史发展过程中出现的、借用的或受到影响的各色理论与概念都有涉及。对习惯传统历史叙述的读者而言，可能需要适应这种问题意识、理论工具与分析叙事结合的写作风格。

可能有读者已经发觉，我通篇都使用了"女性史"而不是妇女史。人们常说翻译要"信、达、雅"，也有人认为翻译就是再创作。我个人在翻译过程中，也不免"夹带私货"，融入了一些自己的想法。就个人对这本小书的理解与翻译而言，我主要从几个方面考虑。一是考虑学术语境，也就是相关历史（理论）概念在英美学术界的脉络与含义，比如"women's history""gender history"和"feminist history"都有各自发展的脉络，含义随着时间不断地变化，且时有交织，恰如本书中所提到的复数的男性气概，在一个时期内也不断竞争。二是考虑文本语境，有的词汇与概念，例如"manhood""masculinity""gender divison""sexual division"等，作者或遵循现代英文习惯，交替混用，或可能有自己的考量，未深入辨析。很多时候，某些词汇与概念本身也具有多元含义，比如"sexuality"，需要根据文本和上下文情景具体对待。第三个考虑是中文语境，包括中文学术圈的相关研究、译著和介绍，比如中文学界已有的约定俗成的译名，社会科学界存有争议的译名等。有些英文概念，难以在中文中找到对应译名，我在力求准确的同时，也考虑到上下文与汉语情境，但只是一家之言，未必周全，附上英文原文之时，也请有能力的读者阅读原文，才能更好理解书的本意。

翻译这本小书还有另一个想法，期望大家更加重视性别史的理论、方法和议题。这本书虽然提及清朝与近代中国的性别史，但整体上仍是一部世界史的性别史入门。从一个后辈浅学的角度观察，中国的性别史研究仍有较大的发展空间，特别是在世界史领域。在国内的世界史学界，性别史仍依附于国别史研究之下，往往处于边缘地位，扮演补充的角色，尚未形成一个深入互动的以主题与方法为中心的网络。世界史领域研究不同时间段、不同国家地区的相似主题（革命、战争、公民权）、采用类似方法的性别史学者缺乏深入交流，与中国史领域的交流和互通也有待加强。直到2016年，内地才出现第一份女性与性别史专业刊物。另一个问题是，世界史研究中对性别史理论的理解和运用还不够深入，相关理论的译介与探讨，仍局限在小圈子内，没有对各国别史研究产生很大影响。诚然，我们无需亦步亦趋，模仿西方学术界性别史的发展路径，照搬英美的性别理论，所以有学者指出，要构建中国学界的女性史或性别理论。不过，了解西方学术发展仍是相当必要的，这本小书就是很好的窗口。

翻译这本小书的第三个目的，或许想借此思考一个问题。身为外国史研究者，常常会反思，西方由社会运动推动的、以身份认同为中心的历史领域，比如女性/性别史、种族族裔史在国内能兴盛么？或者说，中国的世界史研究，真的需要西方的性别史、种族史么？是否只有西方的女性，才能研究西方的女性史或性别史？本书翻译完结之时，我正在新疆出差，一路上手机信号断断续续，却仍逃不出自媒体和网络的包围圈，感受到了与性别相关的社会争议在不断激化。或许在相对隔绝的地区，可以冷静地回答一个小小的问题：我们今天为什么要了解一点性别史？我想，了解性别史，第一，可以使我们意识到生活、文化、习俗中一些不自觉的歧视与不平等，从而既尊重女性也尊重男性，更为开放包容地对待他人，因为性别史注重所有的社会性别。第二，阅读性别史，可以了解权力的结构与权力的差异，辨明诸多性别相关的社会议题背后的本质。第三，研究性别史，可以拓宽历史研究的视野，突破传统局限，从多元的角度看待多样的问题，开拓新的问题域和问题意识，促进性别理论和实证研究的结合。

古今中外，不少历史研究者或强调“独善其身”“明哲保身”，或要求保持距离，于庐山外洞察真面目。历史学也不像许多社会科学，要求积极主动地参与和改造社会。但是，当下的历史研究，也难以置身政治、社会、文化的洪流之外。按照后现代主义理论，文本或译本一出，作者和译者就消失了。不过，我仍希望这本小书的翻译，可以提供给读者一条认识性别史的渠道，提升读者对性别史的兴趣。当然，绝大部分功劳是作者的。

最后需要说明的是，索尼娅·罗斯的这本小书，语言风格非常明显。句式繁复，长句与代词极多，虽用语平实，也较一些英文学术专著难读，当然，译者水平有限是主因。在翻译过程中，我依据中文习惯，拆分长句，重复主语宾语，力求译文准确之余，避免西化中文，但可能无法尽善尽美地还原英文原貌，有些地方，或仍被带偏而不自知。文中提到的文献，只通读过一部分，仍有许多未接触过，所以译名未必准确，还请各位方家指点。

曹鸿

2018 年 7 月 28 日

于乌鲁木齐机场